藍學堂

學習 · 奇趣 · 輕鬆讀

THE PARA METHOD

Simplify, Organize, and Master Your Digital Life

打造
第二大腦
實 踐 手 冊

用 PARA 整理你的第二大腦，
什麼都記得牢、想得通、做得到！

提亞戈·佛特 著
Tiago Forte

黃佳瑜 譯

獻給我的母親瓦萊麗雅（Valéria），
她的耐心和體貼
給了我解開有序生活秘密的鑰匙。

目次

| 第1部 | PARA 基本原理 |

| 第2部 | PARA 操作手冊 |

推薦序

針對未來的目標來篩選和組織筆記

薑餅資（知識型 YouTuber）

繼之前為《打造第二大腦》撰寫推薦序，我很榮幸能為其實踐指南《打造第二大腦實踐手冊》再次分享我的觀點。

作為一位熱中於學習、自我成長的 YouTube 創作者，我每天都需要處理大量的資訊。在過去，我最大的困擾來自於花費很多時間做筆記，卻經常在需要時找不到它們，或是不記得它們的存放位置。這不僅消耗了我的時間，也讓我感到，儘管我不斷學習，卻未能從中獲得實質的成長與進步。

然而，當我首次接觸《打造第二大腦》中的 PARA 筆記法時，這一切都改變了。我意識到以往筆記方式的低效與

缺乏組織性。因為以前我習慣按照「主題」來分類筆記，如時間管理、心理學和市場行銷等，但這些筆記很少被我重新拿出來複習，更不用說實際應用於生活中。而作者提倡的「以行動為導向組織筆記的方式」為我帶來了全新的視角。我們做筆記的最終目的都是希望解決某個問題，如提升顧客滿意度、提高工作效率，或規劃一次旅行。當我們從解決問題的角度出發來收集資訊時，我們會更著重於尋找能夠促成行動的資料，而不僅是記錄那些看似有道理或引起共鳴的內容。

　　儘管我對 PARA 的概念有了初步的了解，但在一開始將其融入日常生活的階段仍遇到挑戰。我逐漸意識到，在這個資訊充斥的時代，我們面臨的挑戰不是知識的缺乏，而是如何有效地運用這些知識。幸運的是，Tiago 在《打造第二大腦實踐手冊》一書中分享他的經驗，通過具體案例展示了如何應用這些策略，讓我看到了這些方法在實踐中的真正效果。

　　起初，我還很擔心自己不夠有條理，無法堅持使用 PARA 方法，且覺得維持這個架構會帶來壓力。但這本書詳盡地介紹了每一步驟，不僅激起了我的學習熱情，也讓我在閱讀過程中充滿實踐的動力，並滿懷期待地希望這些新方法能為我帶來正面的改變。依循 Tiago 的指引，我逐步將

這些策略融入我的日常生活，並在我的YouTube頻道（薑餅資）中詳細記錄了這一過程。

在實踐過程中，我漸漸領悟到PARA架構的核心精神：做筆記時，我們不應過度投入精力整理，而是要關注一個更關鍵的問題 —— 這些資訊下一次什麼時候會用到，從而有效篩選資訊。許多人在管理數位資訊的時候，容易掉入「為了整理而整理」的陷阱，雖然筆記看似井然有序，但如果它們無法幫助達成實際目標，其存在就失去了價值。畢竟，我們最終的目標不是成為善於整理筆記的人，而是要成為高效能且知識豐富的個體。

因此，當我們能夠針對未來的目標來篩選和組織筆記，並把這些資訊轉化成具體行動和創意時，我們才能更接近實現期望的成果，進而邁向理想的人生。

推薦序

能夠讓你「採取行動」的
知識管理書

雷浩斯（價值投資者／財經作家）

距離《打造第二大腦》這本書出版已經有一段時間了。我在當時的推薦序中說：現代人有一種病叫「手機癡呆症」，會讓你因為資訊超載而使大腦疲乏勞累，導致大腦提早老化，你會經常忘記一些事情，感覺就像得了老年痴呆症一樣。

隨著時間過去，手機癡呆症的病情越來越普及，影響也越來越嚴重，因為我們每天要處理的訊息總量實在太多了。

我周圍每個人的未讀訊息幾乎都超過九十九則，而且要處理和記憶的事情實在太多，這種情況下，你很難提高自己的生活滿意度。所以每一個人都需要一些具體的行為

法則來協助改善生活品質。

這時候，這本《打造第二大腦實踐手冊》肯定可以派上用場。

本書是實踐手冊，和前一本書不同之處，就在於他手把手的教你如何實作。

本書共分為三個部分：

第一部：PARA基本原理，簡單介紹PARA四個項目，就是P專案A領域R資源A檔案庫。這個分類是為了讓你提高注意力，而不是消耗你更多注意力，你的運作系統必須讓你有更充沛的時間可以運用，而不是佔你更多時間。

第二部：PARA操作手冊，詳細的教你如何區分每個項目的差異，例如：

P專案：是有期限可以完成的目標，可以標注你一個完成的日期

A領域：是需要維持的「標準」，幾乎沒有期限的終止日，是個人的責任

R資源：是有興趣的項目，並且可以分享給其他人。

A檔案庫：一個存放區，如同冰箱的冷凍櫃一樣，你平常不會用的都放到裡面。

第三部：PARA深度探索，有更多的執行細節，例如：如何建立你的專案清單？如何避免你忘記本書講的內容？

還有，在執行的過程中卡關了怎麼辦？

　　以上是本書的三大部分，我想看了這些介紹之後，每一個熱愛知識管理的人都還會問一句話：「這本實踐手冊和其他的知識管理書籍有什麼差別？」

　　我認為最大的差別，就在於能夠讓你「採取行動」。

　　知識管理的目的在於提高決策的能力，決策無誤自然就會行動，採取正確行動就能讓你有正確的成果。

　　這些論點雖然簡單，但是也有許多障礙，最大的障礙就在尋找自己以前搜集的資料太花時間、開始執行任務的時候不知道會花多少時間，還有眼前的任務和未來的長期目標無法一致。而我們最需要的就是時間和注意力。

　　本書的重點在於解決上述的難題，我看了第一版的《打造第二大腦》時，修正了我在日常資料庫的使用方式，提高了我的行動力。這本《打造第二大腦實踐手冊》有更多的細節等待你實際運用，希望你我能一起提高知識生產力。

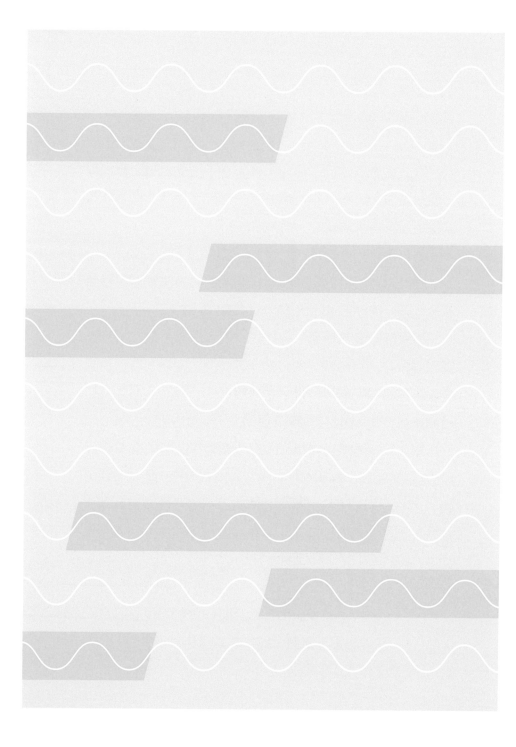

引言

如何閱讀這本書

這本書寫的每個字都只有一個目的：驅策你採取行動。

記得一邊閱讀，一邊在任何一個讓你感到有趣、意外或特別切身的地方畫重點。這些重點可能是你添加到新PARA系統的第一批素材！

我把這本書分成三個部分，並在第一部詳述將PARA付諸行動所需知道的一切。我很建議你在那裡放下書，試著親身實行PARA；如果按照我的指示去做，不到六十秒就能做到。

第二部有其他操作說明，以及我多年來指導人們採用PARA所蒐集到的實務範例。我建議你設一個提醒裝置，在你事實上測試你的系統一兩周後，提醒你回來閱讀第二部。

　　第三部則針對相關的協作者、客戶和學生的進階主題更深度探索，例如擬定專案清單、養成保持條理的習慣，以及運用PARA來提升注意力等等。你可以在覺得自己需要更多指引時，視需要閱讀這些章節。

　　有段時間，我總堅持從頭到尾讀完我拾起的每一本書。我吃力地啃完不知多少本乏味、無關緊要的書，最後終於意識到這樣的態度根本適得其反。你不會因為開始閱讀或讀完一本書而得到獎賞。書本不是拿來收集的獎盃，也不是證明你學到了什麼的證據。

　　閱讀這類書籍的唯一回報，來自將你學到的知識付諸實行，而你讀完開頭五章就可以做得到。

　　為了拿我的誠意換你的決心，我向你做出五大承諾，告訴你採用PARA之後會出現什麼情況：

- **承諾＃1　你會停止浪費時間尋找資訊**：你會確切知道你最重要的筆記和文件放在哪裡，以及如何在幾秒鐘之內找到它們。
- **承諾＃2　你會更專注在最重要的事情上**：你會更明白孰輕孰重，這樣就能有意識地讓你的生活和你的興趣及目標合而為一。
- **承諾＃3　你會做出成果**：你會有始有終地完成每一件事，克服拖拖拉拉的毛病，並且善用過去學到的心得來加速進步。
- **承諾＃4　你的創造力和生產力將會飆升**：你會有機會走進由你自己的創意打造的遊樂場，終於能做到一直被你禁錮在內心深處的創意工作。
- **承諾＃5　你會克服資訊超載和錯失恐懼症（FOMO）**：錯失關鍵資訊的恐懼會消失，取而代之的是相信自己已具備展開行動所需的一切。

讓我們開始吧！

第 1 部

PARA 基本原理

第 1 章

介紹PARA

　　花點時間想像一個完美的組織系統。

　　這個系統能告訴你把數位生活中的每一筆資訊——每一份文件、檔案、筆記、議程、大綱和研究片段——放在哪個**確切**位置,以及必要時具體到哪裡找到資訊。

　　這樣的系統得要容易建立,而且得更容易維護。畢竟,只有最簡單、最不費力的習慣才能夠持久。

　　這個系統需要既靈活又全面,既能根據你在人生不同季節的需求進行調整,又能讓你在儲存資訊的眾多地方使用它;例如你電腦上的資料夾、雲端儲存平台[①],或是數位筆記應用程式[②]。

　　但最重要的是,理想的組織系統能夠直接為你的事業

和人生帶來實際好處。它大幅加快你完成專案的速度，實現你心目中最重要的目標。

換句話說，這個使你的生活井井有條的終極系統，可以讓你動起來。

這個系統不會在你的道路上設立更多障礙、推遲那些能帶來改變的行動，反而會縮短你和行動的距離，更容易開始與完成。

歷經十多年的個人實驗、訓練了數千名學生，並輔導了世界級的專業人士之後，我開發出這樣一套系統。如今，有年紀小到小學生、大到跨國企業以及這兩者之間的每個人在使用。

它叫作PARA ——一個簡單、全面而靈活的系統，用來組織任何一個數位平台上的各種資訊③。

---

① 常用的雲端儲存平台包括微軟 OneDrive、谷歌 Drive、Box 和 Dropbox。

② 流行的數位筆記應用程式包括 Notion、Evernote、微軟 OneNote、Apple Notes、谷歌 Keep 和 Obsidian 等等。你可以上 buildingasecondbrain.com/re-sources 網站，在我們的資源指南中找到我對選擇何種應用程式的完整建議。

③ PARA 是個希臘文，意指「並排」，如英文字「parallel」（平行）的字首；這提醒了我們，PARA 跟我們的大腦「並肩」工作，用來增強我們的記憶與思維。

　　無論你想要保存的是你正在閱讀的書的摘要、關於一個有趣新點子的語音備忘錄、播客訪談中啟迪人心的金句、連結實用的線上資源的網路書籤、重要會議或工作電話的筆記、讓你想起珍貴回憶的照片，或你的私人日記，這個系統為你準備一套工具，幫助你將任何資訊保存到遙遠的未來。而且不僅保存，還要巧妙地運用它來實現你決心達成的任何目標。

涵蓋全面生活的四大類別

　　PARA以一個簡單的觀察為基礎：僅僅四個類別就能囊括生活中的一切資訊[④]。

P 專案	你的工作或生活中正在進行的短期任務
A 領域	你想要逐步掌理的長期責任
R 資源	未來可能派得上用場的題材或旨趣
A 檔案庫	來自其他三大類別的備而不用事項

---

④ 你可以在buildingasecondbrain.com/para/examples找到PARA每個字母常見例子的完整列表。

你有你正在積極推進的**專案**——你心中帶著特定目標從事的短期任務（不論是在工作或個人生活中）。例如：

- 完成網頁設計
- 買新電腦
- 撰寫研究報告
- **翻**修浴室
- 完成西班牙語課程
- 購置新的客廳家具

你有你的責任**領域**——工作或生活中需要更廣泛地持續關注的重要部分。其中或許包括：

- 工作職責，例如行銷、人力資源、產品管理、研發、直屬部下或軟體開發。
- 個人責任，例如健康、理財、子女、寫作、車子或房子。

然後還有關於你感興趣或正在學習的各種主題的**資源**[5]，例如：

---

[5] 有些人認為這個類別的替代名稱——「參考資料」或「研究」——更有幫助。

- 平面設計
- 有機園藝
- 網頁設計
- 日本料理
- 攝影
- 行銷資源

最後還有**檔案庫**，這包括前面三大類別中如今已用不上、但你可能想保存下來以供日後參考的任何內容：

- 已完成或暫時中止的專案
- 不再活躍或切身的領域
- 不再感興趣的資源

這樣就好了！四個頂層資料夾[6]——專案、領域、資源和檔案庫——各自包含專門用來存放生活中各項特定專案、責任領域、資源和檔案庫的子資料夾。

---

[6] 我使用「資料夾」這個詞來指涉大多數軟體程式使用的基本組織單位；有些軟體使用資料夾、筆記本、標籤或連結等詞語，這些也同樣有用。

　　或許很難相信，你過的這種複雜的現代人類生活，竟然可以濃縮成僅僅四個類別。你也許覺得要應付的事遠遠超出這樣一個簡單系統所能涵蓋的範圍。但那正是重點所在：假如你的組織系統跟你的生活一樣複雜，那麼，要維護好系統最終會剝奪你享受生活所需的時間與精力。

　　用來組織資訊的系統必須夠簡單到讓你騰出注意力，而不是佔走你更多注意力。你的系統必須留給你時間，而不是奪走時間。

關鍵原則──根據專案與目標來組織資訊

原本大多數人都是在學校學會組織資訊。老師教我們將課堂筆記、講義和學習資料按**學科**──例如數學、歷史或化學──分門別類。

我們在不知不覺中將同一套方法帶進成人世界，持續按照極其廣泛的主題──例如「行銷」、「心理學」、「業務」或「點子」──來對我們的文件與檔案進行分類。

這種做法對你踏出校園後的職涯一點意義也沒有。職場上沒有課堂、沒有考試、不打分數，也不給文憑。沒有老師告訴你期末考該寫些什麼，因為根本沒有期末考這回事。

不論在工作中或生活上，你確實擁有的是**你想要實現的成果**。你正在努力推出一款新產品、做出一項關鍵決定，或者達成季度銷售目標。你正在盡最大努力規劃一次有趣的家庭旅行、發表一篇個人文章，或在住家附近找到一間負擔得起的托兒所。

在繁忙的日子裡，當你努力完成這些事情，你絕對沒有時間在「心理學」這樣大而泛泛的類別翻找六個月前存下來的文章。

與其像在校期間那樣按照大科目分門別類,我建議你根據此刻正全心投入的專案與目標來組織資訊。

這就是「為行動而組織」的意思,本書將反覆提到這句口號。

好比說,當你坐下來執行一個平面設計的專案,你會需要把案子相關的所有筆記、文件、資產和其他材料集中在同一個地方,供你隨時使用。

這或許顯得理所當然,但我發現大多數人不是這樣做。大多數人往往把專案所需的所有相關材料分散在十幾個不同地方,這表示他們在開始工作之前,得先花上半個小時尋找材料。

該怎麼確保與各個專案或目標相關的所有材料集中在同一地方?你一開始就得這樣整理資訊。如此一來,你會確切知道應該把每一樣東西放在什麼地方,以及去哪裡找到。

如果達成目標所需的所有資訊都在伸手可及的範圍,你離實現目標就近得多了。讓我們來看看,當阻礙夢想的障礙消失不見,你能達到怎樣的成就。

第 2 章

依專案來組織資訊的力量

　　二〇一〇年代初，我在舊金山灣區開啟了我的事業生涯，成為一名生產力教練。當時正值科技熱潮的巔峰，全球最具影響力的幾家企業高層人士正在尋找可以提升績效的任何優勢。我很樂意效勞。

　　我曾在南舊金山一個高聳於海灣之上的美麗辦公區，輔導一家著名生物科技公司的幾位高階主管。我記得一個春日，我正在等候下一位客戶，他是負責開發好幾項新型救命藥物的資深總監。

　　他到了之後，晤談從我的一個簡單提問開始：「你有專案清單嗎？」

　　當我作為生產力教練與客戶合作，我一開始照例要求

他們做的事情之一，就是拿出他們的專案清單。我需要靠它來了解他們大致的工作內容、目前的工作量，以及他們試圖推進的首要任務與成果。

他回答：「當然！」然後憑記憶（這是第一個警訊）草草寫下一份簡單的清單，遞給我這樣一張單子：

> **我的專案清單：**
> 1. 招聘
> 2. 辦活動
> 3. 直屬部下
> 4. 策略規劃
> 5. 研究
> 6. 休假
> 7. 專業發展
> 8. 生產力

你發現問題了嗎？再仔細看一遍。

根據我的定義，這張清單上沒有一項是專案。專案是「短期任務」，這意味著它們需要一個明確的截止日。「策略規劃」會有徹底結束的一天嗎？你會有把「休假」從你的清單上永久畫掉的時候嗎？希望不會！

事實上，這張清單上的每個項目都是責任範圍——它們會無限期持續下去。這並非只是修辭上的說法。就我所知，無論你有多聰明或多進取，在你把責任範圍拆分成明

確具體的專案之前，有兩件關鍵事項是你做不到的。

障礙 ＃ 1：你無法明確知道工作的實際分量

　　我最常聽人們抱怨的一件事，就是他們「分身乏術」。我可以理解——有多少時候，你覺得自己彷彿事情多到忙不過來？

　　但是，如果透過領域的角度看待工作，你就永遠搞不清楚自己究竟有多少事情要忙。看看上面這張清單，「招聘」究竟代表多少工作量？它的範圍可以從每六個月雇用一名兼職人員，到填滿這一季度的五十個全職職缺。

　　根本沒辦法一目了然，而那份不確定性所表露出來的，就是每個領域的負擔感覺都比實際情況更加沉重。

　　想像一下：你分辨出招聘工作的每一項專案，寫了一份清單每天放在眼前。那樣不是更容易知道還有多少事情要做，以及接下來該做什麼嗎？好比說：

> **招聘專案：**
> 1. 招聘「工程經理」
> 2. 招聘「專案分析師」
> 3. 招聘「行銷總監」
> 4. 招聘「實地調查員」
> 5. 招聘「財務經理」

障礙＃2：你無法將當前任務與長期目標連結起來

知識工作最具挑戰性（但也回報最豐碩）的一面是，它需要我們的創造力。然而，若是感覺不到動力，創造力就難以支撐。當你心力交瘁、意志消沉，就無法保持你的最佳思維、貢獻出最棒的點子。

我們靠什麼得到動力？最主要是靠不斷取得進展。只要知道辛苦**最終總會換來成果**，我們可以在短期內忍受相當程度的壓力與挫折。

這就引出我們的第二個問題：如果沒有列出個別專案，你就無法將當前任務與長期目標連結起來。

再看一遍上面那張原始清單。單子上的任何一項都不會結束或改變——這就是責任範圍的定義：它會無限期持續下去。現在想像一下，周復一周、月復一月，甚至年復一年醒來，都得面對同一張永無結束之日的責任清單，會產生怎樣的心理效果。無論你有多努力，似乎永遠無法朝無邊無際的地平線更靠近一點。

老實說，真要做的話，我還找不出比這個更好的方法來扼殺動力。

當你將責任範圍分解成一個個小型專案，就能確保專

案清單不斷更新。這樣的更新創造了規律的勝利節奏，讓你每次成功完成一項專案就可以慶祝一番。想像一下，把「辦活動」這樣的廣泛領域分解成你正在組織的一次次個別活動，你會產生多麼大的動力與成就感：

活動專案：
1. 季度員工度假會議
2. 年度公司大會
3. 研究方法研討會
4. 年終招聘會
5. 高階主管夏季度假會議

無論你的責任多麼龐雜，你總是可以把它們分解成一個個小型專案。

假如你想知道自己是否真的朝目標前進，你就必須這麼做。

為了過上理想生活而組織資訊

使用PARA不僅是為了創造一堆資料夾來放置資訊。

重點在於看清工作與生活的結構——你努力做什麼、你想要改變什麼、你想往哪裡去。重點在於好好組織資訊，以支持並實現你未來的理想生活。

我們口中的「整理」，有好大一部分基本上是變相的拖延。我們告訴自己，是在「做準備」或「做研究」，假裝那表示有進展。

實際上，我們是在尋找可以修改或整理的任何一件小事來逃避我們害怕的任務。

PARA就是要戳破這層表象，為我們提供一個極其簡單的組織方法，讓我們除了下一個重要步驟，再也沒任何藉口，也沒其他事情可做。這是一種極簡的方式，給你的環境增添**剛剛好**的秩序，讓你清清楚楚地繼續前進，僅此而已。

接下來幾章，讓我們稍微深入研究如何運用這種方法來改變你的數位生活。

第 3 章

六十秒打造PARA指南

　　你可能以為實行PARA的第一步驟，是精心建立你在這四大類別所需的每一個資料夾，然後將現有檔案一一搬進去。

　　以前，我會花很多時間陪客戶這麼做，但反覆摸索之後，我發現這恰恰是錯誤的展開方式。創造任何新事物之前，你必須先清掉舊東西。

　　這一章將為你示範我建議你在任何數位平台運用PARA的三個步驟：

- 步驟1：封存現有檔案
- 步驟2：建立專案資料夾
- 步驟3：視需要建立其他資料夾

我建議你先從單一平台開始，例如電腦裡的文件資料夾，因為它通常是大多數人最陳舊、最龐大的資訊庫。

步驟 1：封存現有檔案

在現實世界中，每一張紙、每一份卷宗、每一件物品都佔據了寶貴空間。因此，你必須決定如何處理每一樣東西，即便最終決定乾脆扔掉。

但是數位世界就不同了。數位物件不佔據任何實體空間；它們佔據的是數位空間，而時至今日，數位空間可謂浩瀚無垠。這意味著你永遠不必真的丟掉任何東西，你可以全部保留。

這或許看似一樁幸事，但其實是個詛咒。

保留所有東西的問題是，它很快就開始消耗一項甚至比實體空間更稀有的資源——你的注意力。你每次看見雜亂無章散落在電腦桌面、文件資料夾、雲端硬碟或筆記應用程式上的檔案，有部分精力就會被耗損掉。

或許你認為自己大可關掉筆記型電腦，不理它就好。但大腦的一小部分會持續煩惱數位環境的混亂狀態，直到你讓它恢復整整齊齊。從大腦的角度來看，你的資訊環境跟你的實體環境一樣重要，只要環境似乎含混不明並充滿

險惡，大腦就放鬆不下來。

　　你確實可以保留一切，但**不能把所有東西都放在最佔據你注意力的地方**。它需要一個地方來妥善保存——一個安全、但在你不需要的時候可以「眼不見為淨」的地方。

　　那個地方就是檔案庫。不妨把它想像成數位生活的「冰庫」。東西一旦放進去，就會在時光裡「凍結」，保留住你最後放下它的狀態，確保你日後可以再度取用，同時不必繼續為它操心。

　　我要你做的是：選取文件資料夾中的所有現存檔案、文件、資料夾、筆記等等（可能有成百上千個或甚至更多），一股腦地搬進一個名為「檔案庫〔今天日期〕」的新資料夾。

　　把這個資料夾想像成一個時空膠囊，它把你此時此刻發生的每件事保存下來，同時把今天以前存下來的內容跟今後存下來的內容區分開來。

　　然後，將這個新的帶有日期的檔案庫資料夾，放進另一個更大的資料夾，資料夾的名字就叫作「檔案庫」。這個資料夾將是日後所有檔案庫的大本營。

　　就是這樣！你已經完成了第一步。

步驟2：建立專案資料夾

　　現在，你的文件資料夾既已清空，是時候該重新開始了。你已創造一面漂亮的空白背板，現在，讓我們添加一點架構來儲存你即將存放進去的新事物。

　　在第二步中，先建立一個名為「專案」的新資料夾。這將是今後與專案（具有明確目標的短期任務）相關的所有資訊的大本營。在這個新資料夾裡為每一個現行專案建立一個子資料夾，並各自以專案的名稱命名。

　　我們接下來希望聚焦在專案上，是因為這是你現在正積極從事的項目。因此，它們當然更可能具有及時性和緊迫性。你可以開始動手把正在使用的任何文件、筆記或檔案挪到適當的專案資料夾，但不必自以為得預先或一口氣完成這個步驟。

　　舉例來說，在浴室翻修專案上，你可能有：

- 浴室的尺寸資料

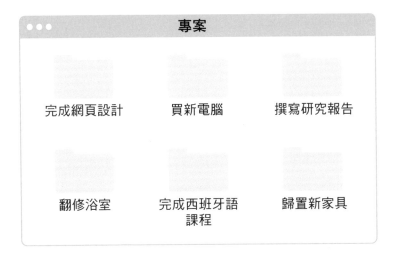

- 你打算使用的瓷磚花色的照片
- 你談過的幾家承包商給的估價單
- 雀屏中選的標書細節與簽署的合約
- 用來追蹤花費的預算試算表

就算專案是交給別人執行，仍有大量資訊要追蹤！

步驟3：視需要建立其他資料夾

以前，我會建議處於這個階段的人也想像一下自己日

後可能用得上的每個領域和資源建立新的資料夾。我以為先把這些資料夾準備就緒，會更方便日後儲存新的資訊，但後來發現我錯了。

我頓悟的一刻，出現在受聘於矽谷一家軟體開發公司，幫助他們整理全公司共享的雲端硬碟時。

我們集思廣益，討論出他們也許會用到的所有PARA資料夾，並在一天之內建立好整個PARA系統。痛快極了！但在接下來的幾星期和幾個月，我聽到了完全不同版本的故事。工程師每次想要尋找什麼，總會遇到一個名稱完美貼合的資料夾，似乎恰恰是他們正在尋找的東西，然而點擊兩次之後卻發現裡頭空無一物。我們創造了一個引人入勝的入口迴廊，通往空蕩蕩的房間，到頭來只引來了沮喪與失望，因為他們一次又一次找不到自己想要的東西！

這次經驗引導我建立一條新規則：在你有東西放進去之前，永遠不要建立空的資料夾（或標籤、目錄或其他容器）。

因此，對於你的領域和資源，我建議暫時不要建立任何「推測性」的資料夾，直到你確定要在其中放入什麼內容為止。反正建立新的資料夾只需彈指的時間，所以沒有理由預先這麼做。這兩個類別的行動性比較低，因此重要性也比較低，沒必要一開始就建立完善。

專案　　　　領域　　　　資源　　　　檔案庫

視需要建立

　　等你把上述三個步驟運用在你的雲端硬碟、筆記應用程式，或者你儲存資訊的其他任何地方，你的數位世界將會變成一座簡單而高效的PARA天堂（懂了嗎？）[7]。

　　現在，你已擁有一個功能完善的PARA系統！

　　在你重新組織數位生活之際，我建議你藉機省思自己對待資訊的態度。別胡亂把新東西扔進嶄新的PARA資料夾，否則你很快就會發現自己再次陷入原本的混亂狀態。

　　仔細思索在PARA的四大類別中，你分別想要保存什麼。什麼是真正獨特或有用的？當你坐下來投入一個專案或領域，你需要什麼擺在你面前？哪些是真正寶貴的資源，哪些又是你可以輕易透過谷歌再次搜尋到的？

　　這是你從零開始，根據經典的組織法則重啟數位生活的機會。

　　你要如何運用由此釋放出來的所有時間和注意力？

----

[7] 關於如何跨平台使用PARA，請參考第八章的更多指引。

第 4 章

讓整理變簡單的五大訣竅

現在我已向你介紹了PARA方法，並一一說明了實行的三個步驟。

多年來，在我運用這套系統處理各式各樣的工作之際，我發現了可以讓PARA變得更為有效、更便於使用的一些簡單訣竅。每個撇步都只需要費一次工夫進行設定，而且一兩分鐘就能實行。

訣竅 # 1：設置收件匣

在忙亂的一周裡，你通常不會有時間在新事項來臨時

充分吸收其中要點，並為它們完美命名和歸檔。這表示你需要另外找時間和地點來「處理」新事項。

我建議在你使用的各個主要平台上（例如你的文件資料夾、雲端硬碟和筆記應用程式），建立我們介紹過的四個資料夾之外的第五個資料夾，名為「收件匣」。

收件匣是個臨時存放區，新事項會積壓在這裡，直到你有時間適當地歸置它們[8]。我會在下一章說明如何做到這一點。

---

[8] 許多數位筆記應用程式都有內建的「收件匣」（有時稱為「每日筆記」），而其他平台則需要你自己設置收件匣。

訣竅＃2：為資料夾編號

　　我建議你在如今已建立的五個資料夾的標題前加上數字0到4。把收件匣編為「0」號，好提醒你其中的內容尚未處理。若按照字母順序排序，資料夾會保持在從最具行動性到最不具行動性的正確順序。

　　大多數時候，你只會查看1號資料夾（專案）。有時候，當你想做更長遠的思考，會打開2號資料夾（領域）。3號和4號資料夾（資源和檔案庫）可以安全地放在視野之外，直到你需要時再打開。

訣竅 # 3：使用命名準則

如果你可以一看到資料夾——不論在哪個平台、哪個裝備裡——就立刻知道它屬於PARA四大類別中的哪一個，這樣會很有幫助。

我喜歡使用非正式的命名準則來做到這一點，好比說：

- 將專案資料夾的標題開頭設為表情符號
- 將領域資料夾的標題首字母設為大寫
- 將資源資料夾的標題設為小寫字母

例如，以下可以立刻被識別為專案（因為它們的開頭是表情符號）：

◈ 設立贊助方案

◉ 撰寫關於新環保標準的文章

❚❚ 規劃墨西哥市之旅

以下這些顯然是領域（因為它們以大寫字母開頭）：

- Professional Development（專業發展）
- Financial Management（財務管理）

- Travel（旅行）

而這些是資源（因為它們的標題是小寫字母）：
- piano songs（鋼琴曲）
- slide presentations（投影片簡報）
- video assets（影片資產）

這些命名準則還具有跨平台運作的優點，因為它們只使用最基本的文字字元。

訣竅 # 4：啟動離線模式

PARA可以在「離線模式」下完美運作，原因很簡單：它把你最可能需要隨時隨地取用的所有材料集中在同一地方──你的專案資料夾。

不必到十幾個地方辛辛苦苦搜尋特定專案的所有相關文件，它們已經集中在同一個地方了。就所需的磁碟空間而言，專案資料夾恰好也是最小的資料夾，例如，我全部的數位筆記只有大約百分之一放在「專案」底下。這讓你

在知道自己無法上網但仍需要取用資訊時，可以輕易將它們下載到本地設備。

當旅行、在路上或純粹想要關掉無線網路來集中注意力，花一分鐘在你使用的每個裝置上為專案資料夾（和它的子資料夾）啟動離線模式[9]。

訣竅 # 5：進行備份

你投入了大量時間與精力來整理你的數位世界，這個世界因此變得更有價值。為了確保這些努力不會白費，我建議為你使用的每個主要平台建立可靠的備份系統（因為每個平台含有不同的資訊）。

如果你使用的是任何一種雲端平台，這個步驟已經處理完畢，因為你的所有數據都存在雲端。對於你電腦上的檔案，你可以使用雲端備份服務（它會在你上線時自動進行備份），或者設置提醒，定期備份到外接硬碟。

---

[9] 根據你使用的軟體以及可用的磁碟空間，這可能包括替你想下載的資料夾開啟「離線可用」設定，並為所有的檔案打開「本地同步」（Local sync）或其他功能。

量身打造你的PARA系統

你的腦海或許已浮現一個美好畫面，想著一旦展開PARA生活方式，你的生活會變成什麼模樣。我衷心希望一切都能成真。但假如你在前進的道路上跟蹌跌跤，請回到書中這個地方。我知道生活經常忙亂不堪，PARA的設計原本就讓你能以幾種不同的方式「優雅地失敗」。

首先，檔案或筆記放在什麼地方其實無關緊要。假如你覺得「歸檔」這個動作太過勞神費時，不必為它費太多心思。大多數情況下，你可能都是用搜索功能來調取資料，這意味著，將內容放進特定子資料夾是一個有也好、沒有也罷的選擇，並不是非做不可。

你會在第九章看到，將來你會有很多機會讓項目在不同類別之間「流動」。因此，一開始將某個內容放在哪個地方的決定有很大的失誤空間。每個階段都會有備用計畫和安全保險。

　　其次，是否確切設置了PARA的四個類別也無關緊要。信不信由你，就連PARA四個字母描述的四個類別都不是非有不可。我見過一些人認為多多益善，加上字母來代表額外的資訊類別（例如S代表「系統」，V代表「價值」）。我也見過有人僅以兩個類別湊合使用，例如將目前正在操作的任何事項放進「熱門」資料夾，而將沒在使用的所有東西放進「冷門」資料夾。

　　重要的原則是將最有行動性且最緊迫的事項區分出來，對它投注你最大的注意力。有無數的方法可以做到這一點，你不必覺得需要完全遵照我的指示去做──你大可為自己量身訂製。

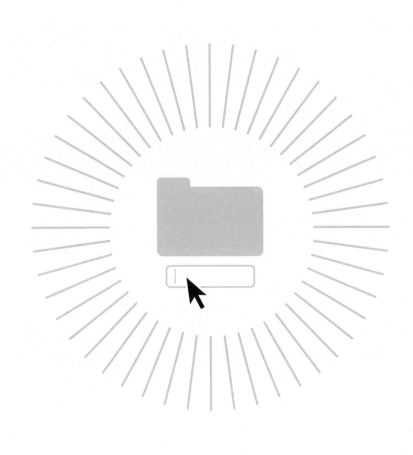

第 5 章

怎麼維護PARA系統

　　我知道你很忙，生活過得多采多姿，把文件歸檔可能不是你優先考慮的重點工作，也不該如此。我也一樣希望盡可能花最少時間來調整和完善系統。

　　出於這個原因，我建議你每星期撥出短短五分鐘完成PARA系統的所有維護工作。你只需遵照下面三個簡單步驟：

　　1.為收件匣的新項目重新命名

　　2.將新項目歸類到PARA各個資料夾

　　3.更新你的現行專案

讓我們仔細談談每一個步驟。

步驟 # 1：為收件匣的新項目重新命名

在正常情況下，我的收件匣每星期會累積大約十到二十筆新的數位資料，例如小組會議紀錄、我正在閱讀的某本書的摘要、取自某個網站的有用截圖，或者我錄製的關於某個新點子的語音備忘錄。

這類檔案建立之初通常會有一個毫無意義的標題，例如「無標題文件」或「新筆記」。我發現，假如我花幾秒鐘看看我存下來的每筆資料，並將標題改為更能說明內容且更清晰的名稱，對未來的檢索會有很大的助益。

例如：

- 與克拉拉的會議紀錄030224
- 《改變人生的最強呼吸法》（*The Oxygen Advantage*）重點摘要
- 有關如何進行招聘面試的實用網站
- 有關新線上課程構想的語音備忘錄

　　這些名稱既不花稍也沒什麼技術含量。我有時會加入日期，有時不會。我所做的，無非是為每個項目取個我在幾秒鐘內所能想到的最簡短、最簡單且最好懂的標題。

　　請注意，你可能有好幾個收件匣需要處理，例如：

- 你在文件資料夾中建立的收件匣（如第四章的建議）
- 你在雲端硬碟的收件匣
- 你的數位筆記應用程式的收件匣

步驟＃2：將新項目歸類到PARA各個資料夾

　　「處理」任何新項目的第二步是將它們歸置到適當的PARA資料夾。在我思考特定文件最切合哪一個專案、領域或資源的時候，每次也只花幾秒鐘時間。

　　藉由一舉完成所有「歸檔」事項，我發現可以輕鬆在短短幾分鐘內處理十到二十個新項目。由於我日後很可能使用搜索功能尋找它們，把它們歸置在哪裡的決定其實無關大局。我還發現，簡單回顧前一星期獲取的新資訊，可以提醒我需要採取哪些後續行動。

某一筆資訊應該放在哪裡？

參照這張流程圖來找到最佳存放位置。

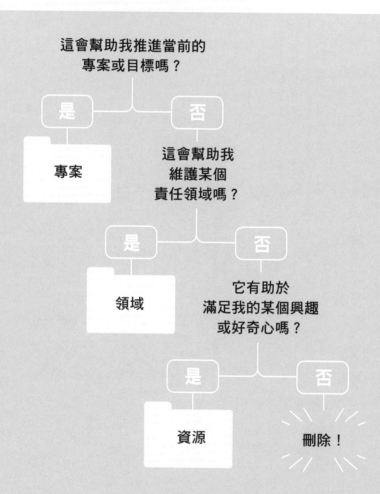

步驟 #3：更新你的現行專案

最後，查看你的專案資料夾，根據過去一星期的進展來更新。這可能包括以下事項：

- 更改專案名稱以反映新的範圍或方向
- 將大型專案拆分成幾個小型專案，使目標更容易達成
- 將已完成、暫時中止、取消或已移交別人的專案封存到檔案庫
- 將重新活躍起來的休眠專案從檔案庫解封，移回到專案資料夾

封存專案之前，簡單掃描其中是否含有可能與其他任務相關的任何材料（例如新奇點子、背景調查、投影片、採訪紀錄等等），並將這些項目移到PARA系統內的適當位置。

例如，假設你在某一次客戶互動中發現一種新的策略架構，案子結束之後，你決定將這項新知用於未來的客戶。你可以將該文件挪到稱為「策略」的新資源資料夾，以便日後再次參考。

在這一步驟中，你所做的就是更改專案資料夾的組成內容，以準確反映你的世界近期發生的一切。

與其強迫你的需求與目標適應你的系統，你應該改變的是組織系統，好能滿足你不斷演變的需求與目標，這麼做會產生巨大的力量。

永遠從檔案庫開始

關於「封存入檔案庫」這個關鍵措施，我見過最大的誤解，就是認為你永遠不會再見到這些資料。

不要把檔案庫當成資訊在那裡等死的「點子墳場」。你的檔案庫代表你的人生經驗的總和，那是個寶庫，儲存著難得可貴的心得，無論是從成功或失敗經驗中學到的。我保證，裡面會有你可以在未來任務中重複使用與回收再造的有用材料。

每次啟動新的專案、進行個人年終評估，或者為了找新工作而更新你的履歷時，都應以檔案庫作為你的起點。裡面有你成功爭取加薪或晉升、說服新客戶或提出大膽新計畫所需的支持性證據。

我經常驚訝自己多麼頻繁地找到過去的有用材料，無論是跟老主顧的電話會議紀錄、某一產業的背景調查，或者我為了獲取設計靈感而儲存的照片，這些全代表我個人的「知識資本」。

重複運用這些知識資產不僅為我節省大量時間，還讓我覺得自己是從半途中開始跑馬拉松，而不是像其他人一樣從起點開跑。

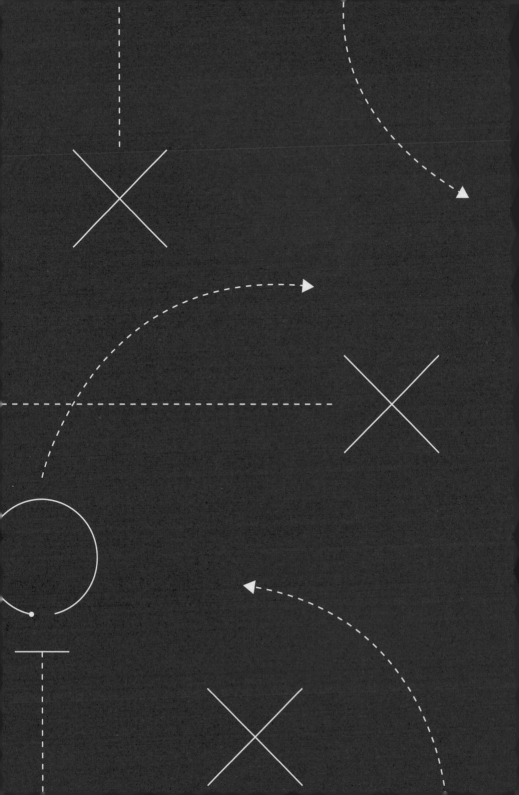

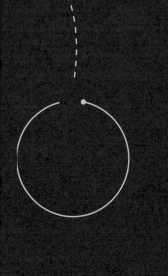

第 **2** 部

PARA 操作手冊

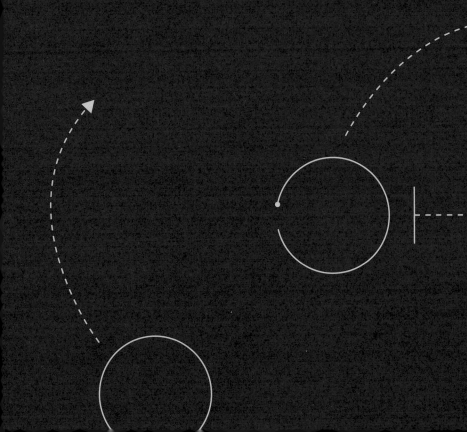

第 6 章

如何區分專案與領域

　　我在二十多歲找到第一份正職後不久，買了一本叫作《搞定》（*Getting Things Done*）的書。這本書是由高階經理人教練兼顧問大衛·艾倫（David Allen）所著，書中提出一種有系統、有原則的個人生產力方法。

　　這套被稱作GTD的方法立刻翻轉了我的工作方式。我彷彿戴上了X光眼鏡：忽然間，我可以看見資訊以明確的分類流進來，每個類別都能讓我更容易針對資訊採取行動。

　　在艾倫介紹的眾多定義與區分中，作用最強大的或許是專案和（責任）領域之間的區分。這是你每天遇到的最具行動性質的兩個資訊類別，因此最需要懂得如何掌握。

　　我注意到，這項區別也令許多人困惑不解。讓我們透過它們在PARA系統的運作方式，仔細看看兩者的不同。

專案：有期限的目標

　　在我的定義中，「專案」是具有以下特徵的任務：

1. 一個可以讓你將任務標註為「完成」的**目標**。
2. 你希望完成任務的**最後期限**或時間表。

　　目標就是「專案想要達到的成果」。可以是一次成功的員工度假會議、網站的重新設計，或是孩子的慶生會，就是你試圖在現實世界中發生、讓你可以把它標註為「完成」的某件事。

　　最後期限為實現目標添加了截止時間。你絕不希望需要無止境地努力，永遠不知道自己究竟是成功或失敗。當你心裡抱著某種終點（不論是嚴格的、別人強加的，或是非正式的、自我要求的），你就可以自問：「我還能在剩下的時間裡做多少事情？」

責任領域：需要長期維持的標準

專案固然重要，但並非所有項目都是專案。

工作和生活中有某些面向並不具備明確的最終目標或最後期限。我們把這些面向稱為「責任領域」。

責任領域具有：

1. 需要維持的**標準**

2. **無限期**的終止日

工作相關的責任領域包括你的職責，不論是管理、客戶服務、財務分析、策略、輔導、直屬部下或諮詢工作。個人生活中也有責任領域，例如你的健康、理財、個人發展和人際關係，這些都會在你有生之年以某種形式持續下去。

在上述的例子中，這些領域全都沒有需要取得的特定成果。沒有可以抵達的終點線，讓你可以「完成」你的健康、一勞永逸地「完成」策略，或將理財從持續關注的項目上「勾消」。

責任領域沒有目標，只有**你需要努力維持的「標準」**。

好比說，如果你在工作上負責一個領域，例如負責帶

領產品開發，你負責的產品會有一個績效標準（或者「品質標竿」）。或許包括提升速度與性能、快速修復錯誤，以及批准發布最新的更新。

在理財方面，你的標準可能是按時支付所有帳單並滿足家人所需。在親職方面，它可能是每天晚上與子女共度高品質時光，確保他們永遠被愛與受保護。

維持你的領域是一個持續的過程，你得深思熟慮與自我覺察，才能感知你在各個領域所想要的以及缺少的是什麼。與其說領域是個需要爭取的獎品，倒不如說是一支可以樂在其中的舞蹈。這是一個由日常習慣、有意義的儀式與永恆價值組成的領域，超越了任何特定專案。

區分專案與領域

簡單地說：專案會結束，領域則會無限期持續下去。

專案是一次性任務

領域是持續性責任

不過，你應該明辨其中一些細微之處。

專案通常隸屬於某個責任領域。例如：

- 跑馬拉松是隸屬於健康領域的專案
- 出書是隸屬於寫作領域的專案
- 存下三個月的開支是隸屬於理財領域的專案
- 安排結婚紀念日晚餐是隸屬於伴侶領域的專案

雖然專案與領域互有關聯，但是區分兩者的差別非常重要。混淆兩者會帶來許多挫折與難題。

假如你有一項專案（例如寫一本書），但你把它當成一個持續性的領域，心中沒有任何特定目標或預設的成果，那麼它會令你覺得漫無目標、毫無方向。同樣的，假如你有一個領域（例如維持一定體重），但你只把它當成一次性專案，那麼即便你成功減掉額外體重，就很可能復胖，因為你沒有養成長期的習慣。

換句話說，專案和領域需要採取截然不同的方法、心態和工具才能獲得成功。想要知道使用什麼方法、心態和工具，首先必須正確地辨識。

短跑 vs. 馬拉松

把專案想像成短跑——你拔腿衝刺,希望以最快速度抵達終點線;領域則像馬拉松——你必須在很長距離維持一定的水準。

我注意到,大多數人的生活方式不是著重於專案,就是著重於領域。下面的描述是否聽起來很熟悉?

「專案型人士」擅長衝刺。給他們一個明確的目標和達成目標的途徑,他們會傾盡一切、狠狠地追逐目標。短跑者的缺點是,他們一旦達成目標往往很難堅持下去。短跑者很容易展開很多事情,在短期內沉迷其中,之後突然將注意力轉到另一個地方。

「領域型人士」擅長馬拉松。派他們踏上一段漫長的旅程,他們會頑強地堅持走下去。馬拉松跑者的缺點是,他們往往很難改變方向。當機會降臨、需要快速果決地採取行動時,馬拉松跑者會固執地維持既定方向,即便原來的方向已失去意義。

只要透過專案和領域的視角來看待生活,就會非常明白你需要兩者兼具:以衝刺的速度來推動新事物,用馬拉松的步伐來維持力度。專案帶給你展開新事物的新鮮和刺激,領域則讓你不論成功與否,到了最後都能擁有內心的

平靜和你渴望的大局觀。

　　PARA 是執行專案、維持領域這兩者的支援系統，因此
我建議你，組織數位生活時將這兩者擺在首要位置。

第 7 章

如何區分領域與資源

在PARA中，第二重要的區分是辨別領域與資源（四個字母中間的A與R）。它們乍看之下可能非常相似，尤其是特定主題（例如「非營利募款」或「營養研究」）可以放進兩者之中的任一類別。

這取決於該類資訊對你的意義。

如果你是一所重點大學的公共衛生學教授，負責講授好幾門課程並發表自己的研究成果，那麼「營養研究」肯定是你的一個重要責任領域。

但假如你是同一所學校裡的一名學生，在另一個系主修人類學，營養學只是你的業餘愛好，那麼它將是你的一項資源。

　　關鍵在於，要明白**你直接負責的事情**和**你純粹感興趣的事情**之間有很大的差別。我自己會用大寫標題代表區域，用小寫標題代表資源，以此不斷提醒自己其中一個類別比另一個類別更重要。

　　同樣的，混淆這兩個類別會引發矛盾，浪費精力。讓我們看看幾個例子。

領域：你扮演的角色和承擔的職責

　　領域是我們在生活中需要持續關注以維持一定品質或成績的事務。不妨把它們看作你在工作或生活中「扮演的角色」或「承擔的職責」。

　　在工作中，你有著被聘來履行的正式角色，例如影片製作、法務或客戶服務，也可能會隨時間推移而逐漸承擔非正式職責，例如製作公司刊物、輔導部屬或組織員工度假會議。

　　我們的私人生活也是如此。我們甚至可能在一天之中扮演各種不同角色，例如伴侶、父母、足球教練、鄰居或朋友。這些角色往往較不正式，但我們仍然需要承擔一定程度的責任。「伴侶」資料夾可能註記了他們最喜歡的餐館、禮物的點子，以及在緊急狀況下可能派得上用場的健康資訊。「足球教練」資料夾則可能包含了操練方法、練習

時間表，以及附帶聯絡資訊的隊員名單。為了扮演好這些
角色，你可能需要參考或記住的任何事項都值得記下來。

資源：興趣、好奇心和愛好

資源包含了你可能在任何特定時間點感到興趣、好奇
或熱愛的大量事物。

資源可以涵蓋你正在學習的新技能，例如跳街舞、攝
影或高爾夫。它們可以是你感到好奇的領域或趨勢，例如
育兒、加密貨幣或人工智慧。資源也可以涵蓋你的興趣和
愛好，例如木工、烘焙麵包或彈鋼琴。

雖然你可能對這些追求充滿熱情，但出於一個非常明
確的原因，我建議你使用「資源」這個相對冰冷的字眼。
我是個生性好奇的人，渴望對數十個、甚至上百個不同主
題有更多的了解。但我也知道我往往蒐集太多資訊，成了
一個「數位囤積者」。我發現我需要某種約束來提醒自己什
麼值得保存、什麼不值得。

「資源」這個詞令人想起資訊的**用途**。與其詢問總會
導致過度蒐集的「這有趣嗎？」，不如問自己「這**有用**
嗎？」。這是一道更高的門檻，迫使我思考這筆資訊能幫助
我做到什麼原本做不到的事情，或者解決什麼問題、克服
什麼障礙。

如果考慮到用途的重要性，資源還可以包括「資產」，例如圖庫照片、產品證言、程式碼片段、排版樣本或者「示範文案」（swipe file），後者是廣告業的常見做法，指的是文案撰稿人保存一個資料夾，裝滿可供參照的範例。

領域是私人的，資源則可以共享

許多人認為還有一條區分領域與資源的準則：私人與公有資訊之間的界線。

責任領域在本質上是私人的。你保存了哪些關於你的健康、財務、個人成長或孩子的資訊，與其他人無關。例如，在我的健康（領域）資料夾中，我保存了驗血報告、看病紀錄、醫療帳單和疫苗接種紀錄（凡此種種都只與我個人有關）。如果我願意，可以隨時分享其中某個項目，但如無特殊因素，這些類別理應保持私密。

領域是私人的

資源可以公之於眾

資源則有很大的不同，因為學習和探索新事物本身就是一種社會活動。在很多情況下，你也許會想跟其他人分享心得——針對你正在撰寫的文章獲取回饋意見、和同樣在學習某項技能的同事交換心得，或者向正在遊覽你去過的城市的朋友推薦餐廳。

因此，我建議你把資源資料夾視為「預設可共享」。如此一來就可以隨時與他人分享某份文件（或甚至整個資料夾），而無需事先檢查文件中是否包含任何個人資料。

徹底誠實面對自己的機會

在我的教練生涯中經常見到人們把大量時間與精力投入他們所謂的「業餘愛好」，與此同時忽略了生活中至關重要的部分，例如運動、飲食、人際關係或心理健康。

我們也是一樣——生活中的某些部分感覺太複雜、太捉摸不定或充滿挑戰，於是我們一頭鑽進其他事情來轉移注意力。一開始感覺很棒，我們得以把注意力從緊迫的問題轉移到令人興奮的新愛好或研究方向上。感覺上，「新事物」是我們可以理解、掌握並取得實際進展的東西。

但故事總以同一結局收場：當我們忽視生活中的重要部分，成本和後果堆積如山，直到有一天山崩。然後我們

不得不收拾殘局。這樣的經歷非常痛苦，而且往往一再重演。

領域與資源之間的界線給了你機會，徹底誠實面對自己：哪些事情落在你的責任範圍之內，是別人不會替你處理的；哪些又落在責任範圍之外？

如何抓住這次機會，讓自己更誠實地認識到生活中哪些領域需要更多關注，好好安排你的數位環境來支援這些領域？

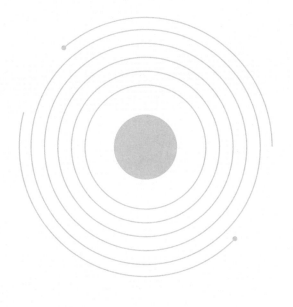

第 8 章

將PARA延伸到多重平台

PARA的一大特色是它的普遍適用性。它適用於**任何一個**可以儲存資訊的平台，適用於你或許想保存的**任何一種資訊**，並且可以在**任何一種**裝置上使用。

我發現，就連最有條理的人也經常犯一個致命錯誤，就是在每個保存資訊的不同地方使用不一樣的組織系統。他們的待辦事項清單是以一種方式編排，電腦以另一種方式編排，雲端儲存空間又以另一種方式編排，而筆記應用程式……你懂我的意思。

這麼做大有問題，因為每一套組織系統都帶有**成本**——系統的維護和使用需要耗費一定的腦力。即使在單獨

使用每一種組織方法時各有各的道理，但當結合起來，它們會產生沉重的精神負擔，就連世界上最聰明的人都會受不了。

相較之下，PARA具有「平台中立性」，這表示它是一種可以在任何地方實施的系統，包括：

- 你的待辦事項清單應用程式
- 你的電腦檔案系統（或文件資料夾）
- 你的雲端硬碟
- 你的數位筆記應用程式
- 儲存資訊的其他平台

有了這樣的普遍適用性，你可以將PARA資料夾「延伸」到你使用的每個平台：

這一點之所以重要，是因為你永遠需要使用多重平台來完成工作並好好生活。你承擔的大多數專案、管理的大多數領域都涉及不同類型的內容，各自需要儲存在適合的平台。

例如，假設你要發表一篇關於新興產業的研究報告，可能會有參考數據（也許儲存在試算表應用程式）、流行商品的照片（儲存在專門的照片應用程式）、與產業專家的對

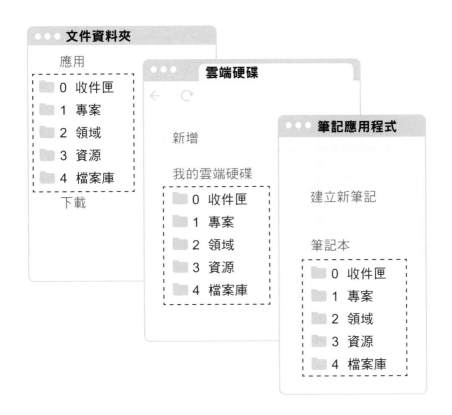

話紀錄（儲存在筆記應用程式）、產業刊物的PDF檔案（儲存在文件資料夾），以及你正在考慮的後續事項列表（儲存在待辦事項清單應用程式）。

科技在太多面向上發展得太快，已經沒有任何一個應用程式可以滿足一切需求。與其對抗潮流、試圖尋找一個

「無敵」的萬能應用程式，不如任意使用自己想要的多種應用程式，與此同時，在各個應用程式上複製**相同的結構**。我建議就連拼寫、標點符號和大小寫等細節都保持一致，以便你的思慮能在各個平台間自由切換，無縫接軌。如此一來，你就可以善用可能想要的每個平台的獨特功能，而不必犧牲你取用資訊時的連貫性與一致性。

PARA完美反映了你在各個平台上的生活結構。與其強迫你的生活去適應你恰巧在用的工具的意見與偏好，我建議你逆向操作：先決定如何安排你的生活與工作，然後再問問你的工具可以如何支援。

怎麼知道將某個項目放在哪裡

既然你在各個平台都有相同的PARA類別，那麼下一個顯而易見的問題是：我怎麼知道某個特定項目應該儲存在哪個平台？

我會用以下經驗法則，分辨哪一個數位儲存媒介最適合某一條特定資訊：

1. 如果是特定時間的**約會或會議**，就會出現在我的**行事曆**上。

2. 如果是我可以隨時完成的**任務**，就會出現在我的**待辦事項清單應用程式**上。

3. 如果是一段**文字**，就會放入我的**筆記應用程式**（因為它提供了最佳搜尋功能以便再度找到這段文字）。

4. 如果是**我要與其他人合作的內容**，就會放入我的**雲端硬碟**[10]。

5. **如果不能放入上述任何位置**（例如因為它太過龐大或屬於某種特別的檔案類型），那就歸入我的**電腦檔案系統**（文件資料夾）。

請注意，上述平台的其中四個都以PARA法則加以組織：

- 待辦事項清單應用程式（僅限專案和領域，因為這兩個類別都具有相關任務）[11]
- 筆記應用程式

---

[10] 如果你使用雲端生產力套裝組合，例如Microsoft 365（舊名為 Microsoft Office 365）或Google Workspace（舊名為Google Suite），你的雲端硬碟將與文字處理、試算表、投影片簡報等等全套的生產力應用程式整合在一起。在大多數情況下，你建立或上傳到此類雲端硬碟的所有文件，都可以在雲端使用PARA進行整理。

[11] 任務通常是專案的一部分，但你偶爾也會有隸屬於某個領域、不歸於任何特定專案的「獨立」任務。例如，「訂正網站上的錯字」就是屬於「網站」領域的一項獨立任務。

我的儲存流程圖

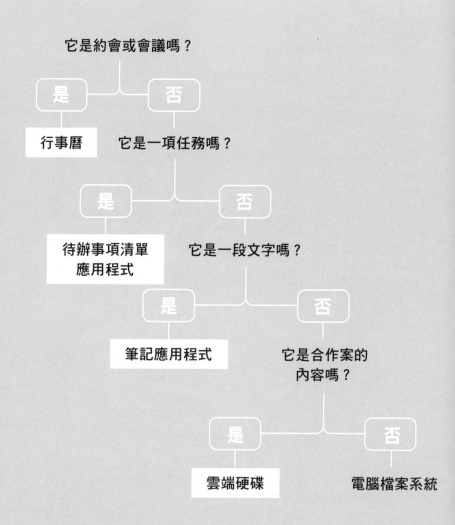

它是約會或會議嗎？

是 — 否

行事曆

它是一項任務嗎？

是 — 否

待辦事項清單
應用程式

它是一段文字嗎？

是 — 否

筆記應用程式

它是合作案的
內容嗎？

是 — 否

雲端硬碟

電腦檔案系統

- 雲端硬碟
- 電腦檔案系統

而行事曆是以時間為基礎，因此按日期順序編排更合理。

上述做法有個例外狀況：如果我想保存一筆敏感資訊，例如稅務文件、信用卡詳細資料、醫療數據或密碼，我會儲存在加密的密碼管理器應用程式，以確保除了我之外沒有別人可以取用。

跨平台的系統有什麼好處

寫到這裡，也許有人會問：「我真的必須在每個平台建立相對應的、一模一樣的資料夾嗎？」

答案是：絕對不是！

首先，不管哪一個平台，你應該只在真的有東西要放的時候才建立資料夾。否則，你最後只會打造出一個由空的資料夾構成的迷宮，把你的工作空間搞得雜亂無章又毫無用處。反正建立一個新的資料夾只需要幾秒鐘，所以你應該只在需要的時候才這麼做。

其次，任何類別都沒理由在多重平台上擁有相對應的資料夾。例如，我的Zoom通話錄影會自動儲存在電腦的

資源資料夾中，但我當然不需要在其他地方建立「Zoom 錄影」資料夾。許多類別的資訊可以只存放在單一平台——唯有在推動專案所需時，才將它們延伸到多重平台。

我知道，手動在儲存資訊的不同地方建立相同的資料夾，可能看似浪費時間。這確實需要多費一點力氣，但換來的是巨大的好處：你不會被任何一個平台綁住。

我接過一家大型電信公司的重大諮詢專案，有一次，我們使用的專案管理平台在毫無預警的情況下莫名其妙停止運作。因為他們被一家大型科技公司收購，後者突然決定停止該產品。當時團隊其他成員陷入一團混亂，我卻在幾分鐘內就轉移到另一個平台，因為我的專案和領域原本就獨立存在於任何一個特定軟體之外。

生產力軟體的市場版圖總是不斷變化，但那不代表你的組織方法必須跟著改變。如果你在用的某個功能停止運作，或者某個平台的政策或定價出現意外變化，那只會影響單一平台。有了 PARA，任何風險或弱點都會控制在數位生活的一小部分之內，不會一舉擊垮其他環節。

PARA 之所以是一個跨平台的系統，原因很簡單：因為你的專案是跨平台的。你很少從頭到尾只使用一個應用程式來完成一項專案。PARA 提供了將你需要取用的資訊統合起來的方法，即便存在許多個不同地方。

想像一下，假如你使用的各種軟體工具可以合作無間，使用多種軟體工具不再成問題，那會出現怎樣的可能性。

如果你手上的每個工具都在推著你前進，並為你想要創造的未來鋪路，你的工作會發生怎樣的變化？

第 9 章

保持資訊流動

人們剛發現PARA的無窮潛力之後，最常提出的一個問題是關於日後：「我必須做些什麼來維持系統運作？」

而這恰恰是PARA真正的亮點所在，因為答案是：不怎麼費事。

資訊的格式沒有嚴格規定——可以是文字檔、圖像、PDF、音頻或影片檔、簡報幻燈片、GIF或其他任何格式。也沒有人規定你儲存的檔案應該如何命名，直白描述資訊內容的標題就很好。

資料夾的內部組織也沒有任何規定，而這正是你浪費大量時間的地方。如果你願意，每個PARA子資料夾的內容

物都可以按照建檔日期排列，而你的電腦可以輕鬆做到這一點，不勞你動手。

所以，還剩下什麼讓我們去做？

答案是，你必須**保持資訊的流動**。

PARA不是汽車引擎這種需要非常精準並定期維護的機械系統。它更像池塘或森林之類的有機系統。水若不流動，池塘就會開始凝滯、發臭，同樣的，如果你的PARA系統所保存的知識停止流動，它很快就會變得過時而不再實用了。

PARA內部的資訊流

大多數組織方法是**靜態**的，假設每一條資訊都有一個正確的位置。也許你還記得家附近的圖書館採用的杜威十進制分類法，每一本書都有一個精確的檢索號碼，對應它在書架上的準確位置。

但是，在個人對於數位資訊的組織上，就沒有這樣一個「正確」位置了。PARA是個動態系統：任何檔案或文件都可以任意放在好幾個地方。重要的是你與PARA的關係。而這份關係時時刻刻都在變化。

專案　　領域　　資源　　檔案庫

行動性較高　　　　　　　　行動性較低

　　我來解釋這一點，想像你有天晚上讀了一篇關於高效教練技巧的文章，並將其中精髓存到你的筆記應用程式。也許在職涯當下，你是個獨立貢獻者，並不迫切需要如何在職場上帶人的建議。你把這份筆記歸檔到名為「工作指導」的資源資料夾，供日後參考。

　　隔年，你晉升到公司的管理層，如今有幾名下屬要管。轉眼間，這一整個知識類別突然產生了**行動性**。

　　你可能會在你的PARA系統中採用幾個關鍵步驟來因應你的新角色。那些關於帶人技巧的筆記可能從名為「工作指導」的資源資料夾，移到一個稱作「直屬部下」的新的領域資料夾。你如今把這方面的知識**升級**了，好更頻繁地關注它們。

　　現在想像一下，兩三年過去了，你再度升職，成了一名高階主管。你的知識版圖再次需要重畫。這時，你可能

負責開發公司內部的管理培訓課程，向所有新晉經理傳授你的心得。

　　你的「直屬部下」領域資料夾的內容，如今可能流進一個名為「管理培訓研習營」的新專案資料夾，因為其中包含的知識最貼近你的近期目標：舉辦你的第一場研習營。你從多年前一個晚上偶然讀到的文章蒐集來的見解與觀念，如今汩汩湧上水面，連結上你最緊迫的挑戰。

　　最後，想像又過了幾年，你決定辭掉工作自行創業。因為你預計有一段時間不會有員工需要管理，你存放在「管理培訓研習營」專案資料夾的筆記如今派不上用場了。

　　你沒有必要刪除任何內容，只要把它移到檔案庫就好。等到你終於有一天開始雇用自己的員工，那些知識會像休眠的火山等在那裡，隨時準備爆發一整個事業生涯累積下來的智慧。

　　你看出來了嗎？生活中的一起事件就能徹底改變我們的重點工作版圖。當事到臨頭，我們不會有時間「更深入研究」，而我們需要透過閱讀和摘要筆記及早做好準備。

　　隨著你的需求、目標、生活方式和優先順序出現變化，PARA 的內容會在不同類別之間不停流動。

在如今的世界，唯一不變的就是變，這就是為什麼我們需要避開那些促使人們以固定思維看待資訊的僵化系統。

保持資訊流動

以下是另外幾個例子，說明一筆資訊（不論是一行文字、一張照片、一則數位筆記或一整個文件資料夾）在PARA不同類別之間流動的可能狀況。

從專案到領域：你可能發現，你想把用來準備馬拉松比賽的訓練計畫（一項專案）變成常規的鍛鍊。你可以建立一個名為「健身」的新資料夾，並移到領域類別，使它成為生活中持續進行的一部分。

從領域到專案：如果你認為是時候該提升組織內的營運效率（這會需要一個一次性專案），最理想的起點是從你蒐集到「營運」領域資料夾的任何一個構想著手。新專案往往從既有的責任領域中浮現出來。

從領域到資源：你有時會發現，原本以為只跟你個人有關的一筆資訊（例如某個城市的活動場地列表）也可以為他人提供價值。你只需要把它從領域移到隨時可以與人共享的資源類別。

從資源到領域：比方說，你決定更常在家做飯來改善你的健康和營養狀況。將幾個簡單易做的食譜從「食譜」資源資料夾移到「烹飪」領域資料夾，就是一個理想的起頭。這樣你就可以很快上手，不用分神上網爬文找資料。

從領域和資源到檔案庫：我們說過，專案會在結束或暫時中止時移入檔案庫。領域與資源也是如此：假如你對賞鳥、西洋棋、巴西柔術或修理摩托車失去了興趣，沒有必要把這些內容刪除得一乾二淨，只需要移到檔案庫，以備它們再度用得上。

從檔案庫到專案：想像一下，你想舉辦一場研討會來打造你的公司在新領域的產業領袖地位。用來舉辦研討會的許多企劃內容和材料都很相似，只要把它們存下來，就可以重複使用。搜索一下你過去安排過的專業活動，然後將你找到的任何有用材料移到新的專案資料夾，重複利用過去的種種心得。

最後說明一點：雖然我比較喜歡把整批筆記和檔案從一個地方一舉移到另一個地方，但你其實有四種選項將既有資訊連結到新的類別：

1. 移動單一項目（例如，假如只有一個項目與新專案

相關）

2. 移動一整個資料夾（假如整組項目都有用）

3. 將兩個項目連結起來（假如你希望將原始項目留在原處）[12]

4. 用相同的標籤標記各個項目（如果你想在不移動的情況下將許多項目聯繫起來）

　　我唯一建議無論如何都得避免的一件事就是複製：你絕不希望一份檔案或文件有兩個版本，因為如此一來，你永遠不知道哪一個是最新版本。

　　讓資訊保持流動的目的是為了讓你保持行動。當你周圍的資訊不斷流動與改變，你會發現自己更容易從新的角度看待問題，避免陷入困境。你甚至會發現，專案早在你還不自覺的時候就已經動起來了！

---

[12] 大多數數位筆記應用程式和檔案儲存平台都提供建立「連結」的能力。你可以運用該功能在同一平台、或甚至不同平台的文件之間建立連結。

第 10 章

與團隊一起使用PARA

我們的數位世界會不斷與其他人的碰撞與交會。

知識理應是共享的，你或許已經開始思考能運用PARA與他人合作。好消息是，PARA既適用於個人，也適用於團隊、公司和其他組織！

我曾輔導並訓練數百位專業人員好好組織他們的知識，這些人來自各行各業，從世界銀行等價值數十億美元的金融機構，到基因泰克（Genentech）等領先的生物科技公司，再到Sunrun這類創新型新創企業。

如今，我們都在知識型經濟中運作，這意味著記錄並汲取員工知識的能力不僅關乎成長，更關乎生存。

由下而上的知識管理方法

PARA是已有數十年歷史的「知識管理」（簡稱KM）領域的一環。知識管理的目的是找到方法讓人們有效分享彼此的知識，推展組織的目標。

我清楚記得，在我曾經效力的一家公司，有一天，一位高階主管突如其來地決定「推行」知識管理。公司創建了維基（或知識庫），要求我們把學到的東西輸入進去，「分享我們的知識」。然而過了開頭幾周之後，整件事情再也無人聞問。

那次經驗和其他類似經歷告訴我，這類「由上而下」的知識管理方法存在幾個重大問題。

　　將知識以其他人能理解的形式表達出來，是**既耗時又費力氣**的事情。由於大多數員工不會為此得到補償或被評鑑，所以往往容易半途而廢。公開分享自己的想法也有風險，包括擔心遭到批評或誤解，以及記錄下自己的知識而導致被輕易換掉的可能性。

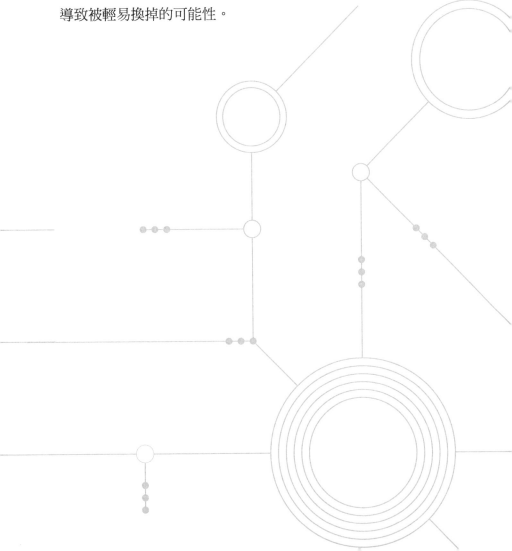

　　我見到由上而下的知識管理方法失敗無數次之後，得出一個結論，那就是現代組織需要一種「由下而上」的知識管理方法。這套方法的重點不在於「榨取」員工的知識，把知識當作一種可以堆在倉庫的自然資源。

　　知識管理必須以**個人**需求為核心，主要是為了提升使用者的個人生產力與效益，好讓他們可以盡其所能地將工作做到最好。

　　以下是我針對如何在團隊中用PARA做到這一點所提出的四大建議：

　　1. 釐清組織的PARA風格
　　2. 訓練員工使用PARA
　　3. 共享平台上只保留共享的專案
　　4. 鼓勵書寫文化

建議＃1：釐清組織的 PARA 風格

　　我第一個建議是定義PARA在你的組織的特有風格。

　　即便你決定嚴格遵循我的建議，總有某種「特色」的PARA特別適合你的組織的文化。

我建議為你的團隊建立一套「PARA手冊」，其中包括以下決策：

- 我們對「專案」、「責任領域」、「資源」和「檔案庫」的定義是什麼？
- 啟動一項新專案時，需要哪些條件才能將其視為「現行」專案？
- 當專案完成、擱置或取消（因而被視為「不再活躍」），分別需要發生什麼情況？
- PARA會在哪些官方支持的平台上使用？
- 管理人們使用PARA的規則、方針和規範是什麼？
- 誰會是負責監督PARA的實施並確保人們遵守規則的「PARA負責人」？

建議＃2：訓練員工使用PARA

我建議你將推行PARA視為訓練上的挑戰，而不是技術上的挑戰。

我見過經理人誤入的最大陷阱，就是以為他們可以直接「安裝」PARA，不必給任何人任何指點。這實在大錯特

錯。我向你保證：你不僅需要向員工傳授PARA的運作原理，還要讓他們知道PARA在你的團隊**用得上**。

我建議使用PARA手冊（根據我之前建議的去做）來進行簡報、示範和舉辦研討會，確保每個人都共同參與。

你會驚訝地發現，在人們與資訊的關係上，就連這樣一個極其簡單的方法，大多數人得破除多少既有的習慣和思維模式；例如認定有一種「正確的方法」來組織資訊、相信一條資訊只歸類到一個地方，並假設正式的順序和精確的結構肯定比較好。

共享的慣例與政策會決定員工如何創造並分享知識，不要忽略員工在這方面的培訓需求。

建議＃3：共享平台上只保留共享的專案

當你開始建立整個團隊或全公司共享的PARA，請提防一個常見錯誤，別將所有數位資產一股腦地搬上單一一個共享的PARA系統。

人們會想，如果這份內容如此有價值，難道不該讓每個人都看到？

答案是否定的——你絕不希望每個人時時刻刻都能接觸到所有東西。要了解箇中原因，你必須先明白，有效地

傳達知識必須耗費莫大的認知力氣。

　　我曾在一本關於現代專案管理技巧的書上寫下一些個人筆記。這些筆記不拘格式又潦草凌亂，因為只有我一個人需要看懂它們。我想跟我的團隊分享這些見解，但很快察覺我不能直接發送電子郵件把這份非正式筆記傳給他們。為了讓這些內容便於理解並人人用得上，我需要賦予它們**更多**背景與結構：定義關鍵術語、加上標題與章節、納入目錄、提供更多背景資料，並仔細說明我的想法。

　　這類行動不是免費的──它們的**認知成本很高**，需要花上大量的時間與力氣，沒辦法用來推動首要任務。凡事總有取捨。

　　因此，我建議你的團隊在一般情況下將一切個人筆記、檔案和文件保存在他們個人的PARA系統裡。只有當一項專案、領域或資源成了許多人參與的合作項目，才應該搬進全公司的PARA系統共享資料夾。

⬤⬤⬤ 佛特實驗室（Forte Labs）共享硬碟

▶ 1. 佛特實驗室專案

▶ 2. 佛特實驗室領域

▶ 3. 佛特實驗室資源

▶ 4. 佛特實驗室檔案庫

這將確保每個人只會接觸到工作所需的資訊，沒有多餘負擔。

建議 # 4：鼓勵書寫文化

你很快就會發現的一件事情是，知識管理本質上是一種溝通形式。

正如我在《打造第二大腦》中所寫的，文件、筆記或其他數位內容都是透過時間傳送給未來收件者的訊息。而和其他訊息一樣，溝通**品質**決定了對方是否可能接收並理解訊息。

高品質的溝通應滿足下列條件：

- 是否有趣且引人注目？（會令人想閱讀嗎？）
- 是否準確且清楚？（能讓人輕易理解它想表達的內容嗎？）
- 是否換位思考？（有站在令讀者理解的角度來書寫嗎？）
- 是否有助於解決問題？（顯然有用且有效嗎？）
- 是否激發人們採取行動？（別人能輕易運用嗎？）

　　這些問題凸顯出，追根究柢，有效的知識管理有賴於人們以文字表達自己的能力要夠好。簡單地說：有效分享知識的唯一途徑，是在團隊中創造出書寫的文化。

　　如何做到這一點？以下是我見過的五個有效辦法：

- **樹立榜樣**：高層領袖和管理人員可以定期以書面形式分享他們最重要的構想和決策，藉此做好榜樣。
- **提供誘因**：各層級人員可以因為花時間以書面形式表達自己的想法而得到獎賞與表揚。
- **給予回饋**：在下屬分享他們的文章給更多人之前，可以私下針對他們的草稿給予回饋意見。
- **撥出閱讀時間**：會議開始時可以安排「閱讀時間」，藉此凸顯討論項目的背景資料透過書面形式傳達會更有助於吸收。
- **標準化**：為內部文件（例如備忘錄、提案、單頁摘要或文章）建立標準詞彙，並創造標準樣板（例如Google Doc或Notion頁面）。

　　你給出的鼓勵和誘因越多，同事越可能坐下來以書面形式寫下他們的想法。而這項習慣將帶來更高品質的思維、更好的決策與討論，最終帶來更有效的知識管理。

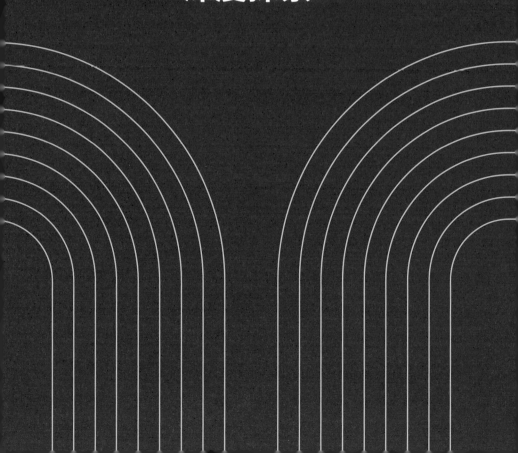

第 **3** 部

深度探索

第 **11** 章

建立專案清單

　　如果你請我當生產力教練，我們最初幾次晤談主軸會是建立你的專案清單。這份清單是高效生活的關鍵，少了清單，我們什麼事都做不了。

　　現在我來說明建立專案清單的過程，替你省下顧問費用[13]。

　　你的專案清單是把你目前致力實現的所有成果集中在一起的單子，列出你企圖產生、創造、完成或解決的所有事情。

---

[13] 本章的做法改編自大衛・艾倫的《搞定》一書，這本書重新定義了「個人生產力」，我個人的工作也是從這裡開始起飛。

專案清單與待辦事項清單雷同，只不過範圍更大、時限更長，好讓你看清自己的方向。它也與目標清單雷同，只不過更實際，並且基於當下的需要。

除了為PARA奠定基礎，建立專案清單本身就是一項非常有用的練習。大多數人發現，遵循下列步驟，只要花五到十分鐘，能產生包含大約十到二十項專案的清單。這就是為什麼我們會用軟體程式來追蹤，而不是靠我們的大腦！

步驟 #1：列出當前所有專案

計時五分鐘（已足夠完成「第一輪問答」），寫下你閱讀以下問題時腦中浮現的任何想法，不論是關於工作或個人生活：

- 你目前在擔心什麼？
- 有什麼問題在你腦中佔據的資源超過了它應得的分量？
- 你應該完成卻沒有持續進展的事有哪些？
- 你是否有某個尚未確定的大型專案，你已經動手做一些事？

如何建立專案清單

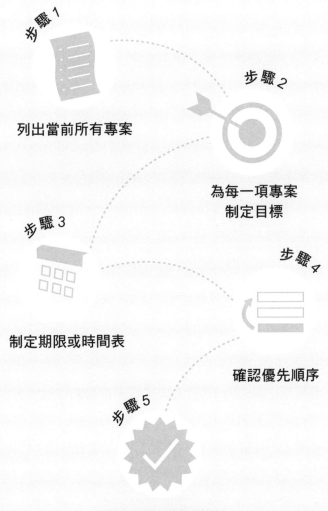

步驟 1
列出當前所有專案

步驟 2
為每一項專案
制定目標

步驟 3
制定期限或時間表

步驟 4
確認優先順序

步驟 5
重新評估專案清單

- 你想要學習、發展、建立、追求、開始、探索或嘗試哪些事？
- 你想要學習什麼技能、開始哪些愛好？
- 哪一種專案能讓你的事業更上一層樓，或讓你的生活更有趣？

步驟 #2：為每一項專案制定目標

別忘了，專案是具有以下特徵的任務：

1. 目標。
2. 最後期限（或其他時間表）

花一分鐘為清單上的每項專案添加一個目標，放在括號中。例如：

- **專案**：就背痛問題去看醫生（**目標**：緩解背痛，我可以一覺睡到天亮而不會感到不舒服）。
- **專案**：規劃員工度假會議的外地開會章程（**目標**：團隊成員很清楚需要完成什麼，並分派接下來的任務）。
- **專案**：跟琳達一起發展促銷方案（**目標**：促銷方案

受到高層核准並獲得預算）。

步驟 #3：制定期限或時間表

接下來再看一遍清單，並加上完成日期。不必糾結於這是不是沒得商量的「最後期限」，或者單純是你希望完工的日期。

你可以在清單上每一個項目的末尾加上「在（日期）前完成」。例如：

- 專案：就背痛問題去看醫生，**在二月二十四日星期五前完成**（目標：緩解背痛，我可以一覺睡到天亮而不會感到不舒服）。
- 專案：規劃員工度假會議的外地開會章程，**在第三季結束前完成**（目標：團隊成員很清楚需要完成什麼，並分派接下來的任務）。
- 專案：跟琳達一起發展促銷方案，**在下一次高層會議前完成**（目標：促銷方案受到高層核准並獲得預算）。

步驟 #4：確認優先順序

你不可能有某個禮拜，在清單的每一項專案、或甚至大多數專案上全都有所進展。這裡的關鍵是只為接下來一星期排定優先順序。

光就下星期而言，哪些專案應該佔據你最大的腦力資源？把它們放在最上方。哪些專案應該在下星期佔據你很少或甚至完全不佔據腦力資源？把它們放在最下方。

你在任何一個禮拜的唯一目標，就是針對清單頂端的少數幾項專案取得進展。

步驟 #5：重新評估專案清單

現在，你已完整列出本周該做的每一件事，你有機會問自己幾個雖然很難回答、卻極具啟發性的問題：

- 哪些目標或優先事項是你自認為很重要，卻跟任何專案都毫不相干？（這些被稱作「夢想」，因為它們不太可能在短期內實現。）
- 哪些專案是你投入了大量時間，卻跟任何目標都毫不相干？（這些被稱作「愛好」，因為既然沒有目

標，它們很可能「只是玩玩就好」。）

● 哪些項目是你可以取消、推遲、縮小範圍、授權、
委外或理清的？

順帶一提，夢想和愛好沒什麼不對，這是我們生活中
同樣重要和必要的一部分，但不要將它們跟你的專案和領
域混為一談。

我們所做的，無非是讓你把時間和精力投入對你而言
真正重要的事情上。在繁忙的日常生活中，時間和精力很
容易偏離方向。不知不覺間，我們忽略了自己認為最重要
的一切，而把寶貴的時間傾注到我們明知根本不重要的事
情上。

我剛剛引導你完成的五個步驟可以成為「每周檢討」
的一部分。你可以每周回顧一次，或在你覺得不堪重負或
應付不來的時候進行反思，我保證你的腦海會在幾分鐘內
浮現全新的清晰感和使命感。

坦然地說 Yes 或 No

建立一份準確的專案清單會讓你有信心接受或拒絕新
的責任。你一旦知道自己的能力究竟有多大餘裕，就可以

有意識且策略性地決定怎麼運用它，而不是處於被動。

我輔導的客戶經常從這項練習得到的啟發，就是他們想做的事情實在太多。只要把他們現有的責任集中起來擺在眼前，他們就會發現自己不需要另一套生產力應用程式或技術，需要的是對無關緊要的事情說「不」。

當你採取必要步驟來釐清你最在意的是什麼，就可以開始冷靜而明智地決定何者該丟、何者該留。

而你每次拒絕一件沒那麼重要的事，它所佔據的時間和力氣就會被釋放出來，讓給更重要的事情。

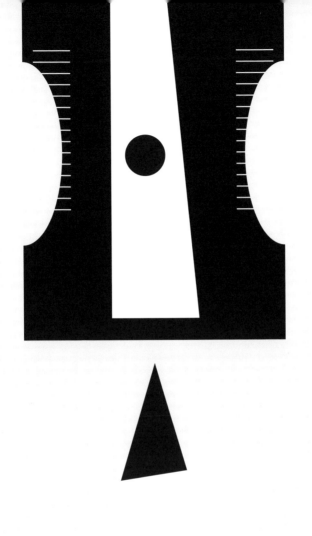

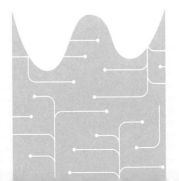

第 12 章

維持條理的三大習慣

有個殘酷的事實：你很可能不久後就會忘了在本書讀到的一切。

這就是我們把東西保存起來的整個初衷，不是嗎？我們知道自己的記性很差，所以把記憶工作外包給科技，以策安全。

與其自欺欺人地認為你會記住我在這裡所寫的一切，不如假設讀完本書的幾小時或幾天內，書的內容就會化為一段模糊的記憶。

唯一能留下來的,是你根據我的建議所培養或改造的習慣。

我見過那麼多人使用PARA後,找出能概括本書內容的三項習慣。每一項習慣的背後都是一條歷久彌新的原則,縱使基礎技術發生變化,這些原則始終有效。三項習慣結合起來,不僅能確保你建立條理,也能長遠地維持井然有序。

習慣＃1:按照結果來整理

整理的最大陷阱之一,就是為整理而整理。

把工作空間收拾得整整齊齊,或設計出足以放到Instagram炫耀的漂亮筆記,會帶給人莫大的滿足。

假如你樂在其中,那些事情沒什麼不對,但我不認為那是你拾起本書的原因。我敢打賭,你正致力於實現某個目標,是一個對你而言意義重大的成果或結局。

那正是PARA的設計宗旨:

- 每個決策都是站在「怎麼幫助我推進這項工作?」的角度制定的。
- 刪掉細緻的標記、標籤和標題等一切前置作業。
- 除了落實你的專案,無需任何維護工作。

- 最具行動性的「專案」類別受到嚴密保護，以免被其他看似有趣、實則無用的資訊類別所干擾。

這幾道防線，無一不是為了幫助你消除一切無益於實現目標的因素。

無論你正試圖完成一項艱巨任務，或是努力提升某個生活領域的標準，記得先想想目標，然後倒推來判斷你只需要哪些資訊幫助你抵達終點，然後將其餘一切拋在一邊。

習慣＃2：及時整理

我的整理理念是盡可能少整理、盡可能晚整理，並且只在絕對必要時整理。

在一本主旨是有序生活的書，這麼說可能有些奇怪，但整理本身並不會創造價值。除非能幫助你進入平靜的心理狀態，激發你採取有效行動，否則整理本身並不具備任何內在價值。

這就是PARA走極簡風格的原因。PARA選擇在你的需求有所改變時，把項目從一個地方稍稍「挪移」到另一個地方。它是一種「由下而上」的方法，機動順應生活中的種種變化。

　　與其大費力氣組織你的數位資訊,「以備不時之需」,不如等到你的需求變得非常清晰之後,再「及時」為你**正在**進行的專案整理你的筆記和檔案。這樣你就可以避開也許沒什麼價值的大量前置作業,把力氣留到你確實知道自己想要完成什麼事的那一刻再用。

習慣 # 3:保持非正式

　　PARA只在一個地方要求精準,就是專案的定義。其餘一切不僅允許保持一定程度的混亂,甚至就應該維持混亂。高度精準的系統需要花很多力氣維護,這意味著在預設情況下,數位世界的方方面面大都應該維持鬆散和非正式的狀態。

　　這條規則認為,死板地規範資訊不見得會讓資訊變得更有價值。你沒聽錯:有時候,過度組織資訊會**降低**資訊的價值。

　　最偉大的突破往往來自構想之間意想不到的連結。假如你的系統過於死板僵化,就會阻礙這類連結的發生。允許系統有一點點混亂與隨性,才能創造機會,激發截然不同的構想產生連結與融合。

　　這就是為什麼我很難認同整理大師提出的許多建議。
例如，我不建議：

- 建立資料夾的內部結構
- 使用標準化範本編寫筆記或文件的內容
- 在子資料夾內建立多層次的子資料夾結構
- 使用資料庫或其他正式方法整理個人資訊

　　我試過上述種種做法，但總發現它們佔走了更適合
用來琢磨好點子本身的寶貴時間。簡單直接的機制就夠用
了，請對創造過於複雜的機制說「不」。未來的你會感謝現
在的你替他省下功夫，不必為了這類機制而耗時費力。

保護你的構想，直到它們有時間茁壯

　　剛萌芽的新創意是非常脆弱的。就像小嬰兒，有很
大的潛力，但需要受到保護，以免被種種風險與威脅所摧
折，包括自我懷疑的威脅、被人批評的風險，以及你自己
擔心它不夠好的恐懼。這個點子還無法獨立存活，但那不
代表它是個壞點子。

它只是需要時間和空間來充分發展茁壯，就像我們人類一樣。

我上面建議的每個習慣，都能幫助養成一個有益於此類新點子誕生的環境。按照輸出的結果整理點子，可以確保你在現實世界中能好好測試它們。適時整理可以保留你的時間與精力，好讓你抓住意想不到的機會。保持非正式則可以促成新穎的連結與方法。

把 PARA 資料夾想像成一連串受保護的空間，剛具雛形的點子在成長茁壯之前盡情玩耍。

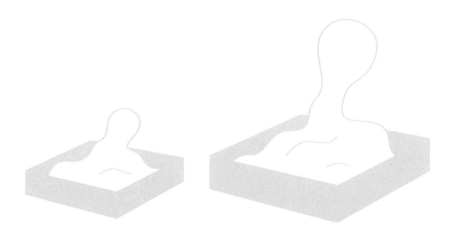

　　每一個資料夾的「邊界」都有一個亂七八糟的沙坑，
關係鬆散的構想可以混在這裡一起玩耍。最後，它們都會
成長茁壯，強大到足以獨自闖蕩世界。

第 13 章

用PARA來提升專注力、創造力和大局觀

　　PARA可以用來培養知識工作者最可貴的三種心理狀態：專注力、創造力和大局觀。

　　讓我一一說明。

怎麼用PARA提升專注力

　　專注的核心意義就在於「一次只做一件事」。這條原則說起來似乎很簡單，做起來卻沒那麼容易。

　　我發現，人們往往想要在接收新資訊的同一個環境中集中注意力。

　　他們把電子郵件收件匣當作待辦事項清單來用，然後納悶為什麼總是被一條又一條的新訊息分散了注意力。或者他們使用網路瀏覽器來同時處理多項工作，然後不明白為什麼到了一天結束時，眼前會留下十幾個未讀的瀏覽器分頁。

　　為了集中注意力，我們需要遠離源源不絕的網路通知，退到一個私密而隱蔽的地方。

　　如果你恰好知道有條路通向藏在樹林深處的小木屋，我真的很羨慕你。對我們其他人來說，這個私密空間可能只是另一個軟體，它與我們平時用來與外界交流的軟體程式不一樣。

　　當我需要集中注意力，會關掉無線網路。我知道，當浩瀚的資訊在僅隔著瀏覽器視窗的另一端不斷向我招手，我就無法全神貫注在一件任務上。每次坐下來工作，我會從待辦事項清單挑出一項任務，然後把所有裝置切換成「飛航模式」，直到完成任務才重新連線。

　　你也許已經聽過這樣的建議，但除非你擁有一個可靠且全方位的系統來管理數位資訊，否則幾乎不可能做到。假如所有訊息卡在雲端，你將永遠無法擺脫網路的呼喚，確實完成工作。

　　把PARA當成你在樹林深處的隱祕小木屋──一個讓你

可以隔絕塵世喧囂，好好琢磨你的點子、理論和創作的地方，然後再勇敢地回到世界與人分享。

怎麼用PARA培養創造力

你也許常聽人說，在現今這個時代，創造力對事業成功有多麼重要。

蒐集資訊很簡單，而且我們知道，把資訊歸檔也不難。但假如你就此打住，那麼這一切努力充其量只能算是在囤積。價值不是來自輸入，而是來自帶有你個人特色與風格的輸出。

我在《打造第二大腦》所寫的許多內容都建立在PARA之上，為數位時代的創造力建構一個整體系統。

但以本書的目的來說，PARA的重點在於創造一個能激發創造力的環境。創造力往往神祕難解，但有一件事情我可以肯定：

當你有一連串用心醞釀的有趣點子，它們都與同一專案或目標相關，而且統統集中在同一個地方，神奇的事就會開始發生。

當你擁有這樣一批原始素材可用，你想嘗試的其他創意工具或技巧都會發揮更好的效果。

為了善用這一點，我建議你根據內心引發的共鳴來選

擇PARA系統所保存的內容。什麼打動了你？什麼令你手臂汗毛豎起，起雞皮疙瘩，心跳加快，或者讓你充滿驚奇？這些是創造力之源，因此值得保存。

怎麼運用PARA帶給你大局觀

把PARA的每個主要類別視為一種「視野」，會很有幫助。

你的專案屬於於短期視野，會在未來幾小時或幾天內完成。領域和資源會在幾星期或幾個月的中期視野開展。檔案庫則更可能在長達幾個月或幾年的長期視野發揮作用。

以時間為尺度來區隔資訊的做法為什麼有用？因為不同的時間範圍需要非常不同的心態和思維方法。

當你日復一日陷在完成工作的深淵中，你會希望只全神貫注在當前的專案。那些專案涉及需要在接下來幾小時或幾天內採取的行動與審核的資訊。在這個時間範圍內，事情變化很快，所以你應該把資訊放在手邊，讓它位在你的注意力焦點中心。

檔案庫

最不具行動性

資源

必要時可行動

領域

偶爾可行動

專案

最具行動性

以下是與這一短期視野相關的問題類型：

- 哪些專案目前最積極進行？
- 哪些任務最有時效性？
- 你接下來需要採取哪些措施來推動進展？
- 為此，你需要取得哪些資訊？

領域和資源在數周到數個月的更長時間範圍才會用得上。在忙著救火的工作日裡，你可能不太需要將其納入參考。但是偶爾，例如在每周檢討時，你不妨提升視角，進行長遠的思考。這時，你為責任領域和資源類別所蒐集的內容就會變得很有價值。

在這些深入反省的時刻，問問自己以下的問題：

- 我決心在每個責任領域達到的（品質或績效）標準是什麼？
- 我目前是否達到標準？
- 如果沒達標，是否有任何新的專案、習慣、例行程序或其他做法是我可以開始、停止或改變的？
- 是否有任何資源可以幫助我這麼做？

在評估資源時，問問自己這樣的問題：

- 是否有任何新的興趣或愛好是我想更認真追求的？
- 是否有任何新鮮事或問題是我想開始探索的？
- 是否有任何停滯中的愛好或追求是我想重新啟動的？

PARA將生活中的資訊根據**它們被需要的時候**來劃分，你可以關照全局，適時關注適當時間範圍。讓你得以同時進行跨時間尺度的工作，實現你想要創造的未來。

第 14 章

一覺得不對，就重新開始

　　我已提出許多忠告和建議，讓PARA為你服務。在這一章，我想給你最後一個提議。

　　假如你陷入瓶頸或覺得不堪重負，不妨就把所有內容封存到檔案庫，然後按照我在第三章的指引重新開始。例如：

- 如果你的**文件資料夾成了失控的數位垃圾箱**，那就把所有東西移到標有今天日期的檔案庫，重新開始。

- 如果你的筆記應用程式收件匣積壓了**數不清的數位筆記**，那就把它們移到標有今天日期的檔案庫，然

後拋到腦後。

● 如果你的**雲端硬碟是一團亂**，那就把所有內容移到
標有日期的檔案庫，然後再啟動新的一周、一個月
或一年。

是的，你沒看錯：宣告「數位破產」是一道逃生艙
門，你隨時可以在數位世界變得太混亂且令人窒息時使出
這一招。我已這麼做無數次了，每一次都令我如釋重負，
並重拾對未來的熱情。

若是關乎你的財務狀況，宣告破產會有嚴重後果；但
數位世界並非如此。把所有內容封存起來沒有任何壞處，
因為未來仍然可以用。

所有建議都不是硬性規定

這本書我概述了自己為了維持PARA系統運作順暢所遵循的具體流程，但我想強調的是，所有步驟都不是硬性規定。想藉由整理數位世界來創造價值，沒有任何一個步驟是絕對必要。

有時候，忙得沒時間檢查我的收件匣並添加標題，我就不去做。我知道我總能不費吹灰之力使用搜索功能找到需要的東西。

有時候，忙得沒時間把收件匣的內容逐一挪到正確的資料夾，於是我乾脆「全選」，把它們隨意丟到任何地方。同樣的，搜索功能是個神奇的解決方案，即便訊息沒有被完美地分類和標記，仍能透過搜索功能找到它們。

最後，還有些時候我誇張到接連好幾個星期沒更新我的專案清單。那不重要——我保證不會只因為清單上殘留幾個閒置專案就發生災難。

PARA具有高度韌性，會保存你離開時留下的一切，直到你有時間重啟的那一天，不論那是七天後或七個月後。這就是使用一個簡單系統的意義所在——它經受得起時間的流逝，直到你準備好回來。

放下我們對資訊的依戀

似乎大多數人都對自己的數位資產抱著一股責任感。父母可能從小教育你要愛護自己的財物，要重視它們。和整理實體環境一樣一絲不苟地打理我們的數位環境，幾乎成了一種道德義務。

但這種態度在數位世界一點意義都沒有。要保存每一筆資料，就像是囤積症患者試圖保留家中所有老物件和空披薩盒。這些內容大都是不請自來的，所以我們可以毫不留戀地封存起來。

我知道，踏出把所有東西封存起來然後重新開始這一步，可能很可怕。也許你已經花了好多年時間思索如何組織所有檔案，而我現在卻叫你把它們統統丟進檔案庫？沒錯，那正是我要你去做的。

記住：你不會失去什麼。如果你真的需要過去的某樣東西，你可以隨時鑽進檔案庫，讓它起死回生。不過，我猜你這麼做的次數會比你預期的少得多，甚至一次都沒有。

真相是，搜索技術一年比一年進步，未來，你十有八九會透過越來越先進的搜索演算法提取你的檔案。人工智慧也日益發展，這意味著未來你可能只需要請AI搜索你的所有舊檔，就能找到需要的內容。這就是為什麼你花在精

心整理資訊的所有時間很可能只是白費力氣。

這是你畫下界線，揮別你與資訊的舊關係的大好機會。

這是擺脫過去令你窒礙難行的雜亂局面，宣告數位獨立的契機。

我邀請你接受一個新身分——成為拒絕被瑣碎細節拖垮，轉而擁抱生活當下新鮮事的人。

你願意接受我的邀請嗎？

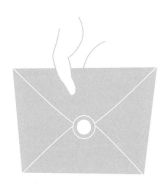

第 15 章

為了個人成長而維持條理

在我輔導客戶的生涯中，經常聽到他們的話裡藏著這樣的意思：「我實在不是個有條理的人。」

奇怪的是，這麼說的往往是那些最能幹、生產力最高也最有成就的人。假如他們不是一心想在生活中取得更高成就，「欠缺條理」不會是個問題！

我們似乎下意識地相信，「只要我能有條有理，就可以成就任何事」。然而，當我進一步追問，似乎沒有人知道「有條有理」究竟意味著什麼。那是個海市蜃樓，總是在遠方撩撥我們，即便我們朝它前進，它卻始終一如既往遙不可及。

我想跟大家分享我對「有條有理」的定義。但在那之前，讓我們先談談什麼叫欠缺條理。

井然有序的重點不在於美學或事物的外觀。不要被糊弄，去相信一個方方正正、線條乾淨、留白簡約的工作空間會神奇地賦予你清晰的頭腦或平靜的心靈。

井然有序的重點不在於控制。不要掉進嚴格控制數位環境的陷阱，以這個藉口來逃避生活本就有的不確定性。

在我看來，井然有序的重點在於有實力。

對許多人來說，「權力」是骯髒的字眼。我們不該渴求權力。那是個可恥的欲望，最好留給腐敗的政客和貪婪的資本家，對吧？

錯了。

得到你渴望的**一切**，取決於你擁有多少實力。包括你對事業和家庭的所有目標，你希望在你的領域或社群產生的種種改變，你想要建立或改善的所有關係，你渴望體驗或擁有的一切。

這一切全取決於你有沒有能力從所有可得資源中汲取實力，並將它導向你想要的成果。

實力來自於智識的力量。這就是為什麼我建議你吸收全球頂尖思想家的點子，並將你遇到的最佳構想集中保存在你可以隨時存取的地方。

實力來自於情緒的力量。置身在令你著迷的資訊中，你就能開始掌握內心深處對學習與成長的無比熱情。

實力來自於一個不依靠你的精力、注意力或自律來運作的系統。這就是為什麼PARA要求你對每一條資訊做出一個決定，而且只做一個決定：下次什麼時候會派上用場？

最後，實力來自於校準目標。

有個常見的誘惑是根據你**希望擁有**的生活來設置PARA，而不是根據你實際擁有的生活。不要建立一堆純屬癡心妄想、志向遠大的專案與目標。當你有勇氣坦誠說出此刻真正佔據你注意力的是什麼，並讓PARA如實反映，實力才會真正開始湧現。

在你完全真實地面對需要改變的事情之前，你什麼也改變不了。

智慧工作者的時代

幾十年來，我們一直自稱「知識工作者」，因為知識是我們的最大資產。

這個術語誕生六十多年後，知識工作者的時代終於進入尾聲。知識已經被商品化與普及化，一開始是因為搜尋引擎，現在則是透過日益先進的人工智慧。這意味著掌握特定知識已不再具有任何優勢。

此刻，我們正要邁進智慧工作者的時代。

如今重要的是有能力提升你的眼界，超脫日常的喧囂紛擾，保持冷靜的視角，然後從這個位置統籌協調在你的周圍如潮水般湧來的人群、系統、工具和資訊流。

我們遭遇的現實是，有一股混亂的資訊流無時無刻不在我們四周流動。它不會以預先包裝好、整整齊齊標上「專案」或「領域」的形式出現。必須靠你自己伸手去挖掘大量資訊，並使它成為專屬於你的內容。你可以選擇只攫取那些能打動你、並讓你覺得活力滿滿的部分。

當人們開始用PARA，會意識到自己早就掌握了足夠知識來追求他們夢寐以求的目標。

當你看到你已經蒐集到的所有珍貴材料都集中在一起，不論這些材料是透過自身經歷或他人經驗得來的，你會不由自主地做出這樣的結論：

你已經準備好了。

你的夢想是什麼？

你不斷告訴自己會在一個月後、一年後、三年後或五年後準備好去做什麼？

假如你真正誠實面對自己，你今天已經準備好去做哪些事？

PARA保證讓「條理分明」成為一件簡單明瞭的事，可以盡速完成。你能夠從電腦螢幕後頭走出來，踏進充滿無限可能之地。你也能夠汲取周圍可用的力量泉源，好讓你實現來到這個世界的使命。

附　錄

PARA的二十個常見問題

P專案（Projects）

1.你會怎麼組織每個單獨的專案？

在處理你個人的資訊時，你的時間和精力最好花在實際執行專案上。我並不建議太費力去組織與單一專案相關的個人筆記、文件、檔案或其他內容。

我會反過來建議你讓專案不要太大，專案的內部就不需要再費心組織。事實上這是我的經驗法則，將大的專案分解為更小的專案。如果專案大到我開始覺得有必要建立更多的內部結構時，就表明一個大型專案需要分解為兩個或三個小型專案。

當專案不大，你會發現實際上專案裡不需要存進超過

五至十個項目（筆記、文件、檔案）。由於要組織的項目數量夠少，我建議只需按時間順序（按建立日期）來排序，你就可以看到每則筆記或文件建立的「時間表」。通常這對一個小型專案就夠了。

2.你將目前不活躍進行中的休眠專案放在哪裡？（即你已經決定要投入，但不是這一周或這個月就要做）

有一個誘惑會不斷出現，就是把不是真正在活躍進行中的事情也加進專案裡，連我也一直受誘惑；既然手上這份專案清單看來還在進行又具行動性，如果你加進一件實際上沒進展、但你希望有進展的小事情又有什麼關係？

這麼做總是通向同一個結局：你會慢慢失去對整個專案的敏感度。當專案清單開始感覺沉重、讓人負荷不來時，可以看出你把行動性的標準設得太低，與當下重要的事情無關。

解決方法都一樣：你必須刪除任何現在不能**確實、誠實付諸行動**的專案。這總是有點痛，因為你必須對自己誠實，了解什麼是真正有進度，什麼是沒進度。事實可能證明，「在後院搭個棚子」只是你的一個白日夢，而不是一個專案；很明顯，「在聖誕節檔期推出新產品」是一個不切實際的夢想。

因為這些都不是專案，並不意味著你必須刪掉它們。只需把它們移至檔案庫就可以了。將東西移到檔案庫不應該是單向的。當你的情況有變化，並且曾經看似不可能的事如今變得可行時，移到檔案庫裡的東西都可以輕鬆地在一周、一個月或幾年後再送回去原處。

你可能擔心會忘記檔案庫中有哪些休眠專案，因此，我建議在開始任何新專案時仔細查閱檔案庫，找找看有哪些可以再重新審視或重複使用的資料（在我的書《打造第二大腦》中有更詳細介紹）。

3.一個人最好擁有幾個專案？

我發現，對大多數人來說，合適的範圍似乎是大約十到十五個專案。這樣就夠了，如果你有一個專案卡關，可以選擇投入有其他專案，而不是全部卡住。而且數量夠少，可以一目了然，並在每周回顧和反省。

在某一個禮拜，你可能只會直接處理其中大約三到五個專案。其他專案處於等待階段，等候事情進行或回覆，也或者有些專案是你負責監督、但不直接執行。這兩種情況的專案仍然被認為在活躍進行中，因為如果你在一定時間內沒有收到回覆，可能需要跟催進度。

以擁有十到十五個專案為起點，但嘗試不同的數目，

看看多少數目可以最大的激發你的動力和進度。我發現，有些人需要較少事項才能聚焦，有些人則需要更多事項來充分吸引他們的注意力。重要的是對自己完全誠實，了解什麼事項具有行動性，什麼沒有。

4.你會將未來的專案存在哪裡，免得擾亂目前的專案清單？

我想說，「未來專案」這種東西不存在。根據我們的定義，除非它有一個目標、一個完成日期，並真正向前邁進，否則只是一個願望、一個欲望或一個夢想。

願望、欲望和夢想本身並沒什麼問題，但我認為，搞清楚什麼才是「專案」很重要。這幾乎是一條牢不可破的界限，因為專案佔據時間和注意力這兩項你最寶貴的資源。一則點子必須通過嚴格考驗，才能允許它佔用你的時間，即使一分鐘也一樣。

也就是說，專案可以來自任何地方。正如我們所看到的，當你決定將PARA裡的資源蒐集、整理好並當作產品出售時，資源可能會突然成為一個專案。當你意識到已經累積了一些構想並想以某種形式（例如一篇文章）分享時，一個領域就可以變成一個專案。當你重複利用過去的知識，即使是檔案庫中的東西也可以成為一個專案。專案很可能也確實發生在最意想不到的地方，請不要設限它的可

能性。

　　也就是說，只要你想的話，你大可隨意建立一個標題為「未來專案點子」的筆記或文件（作為「資源」），而不是建立一個「未來專案」。

A領域（Areas）

5.我的領域應該具體到什麼程度？你建議我擁有多少個領域？

　　對於你的責任領域應該多具體，並沒有硬性規定。請注意，生活就是這樣；你所做的只是決定用多銳利的鏡頭來審視生活。

　　就像專案一樣，有些人發現縮小範圍和更具體的領域比較好。例如像「財務」這樣廣泛的領域可能很難處理，例如，你可能會發現細分成「繳稅」、「退休儲蓄」、「投資」和「預算」比較容易。這樣一次就可以只專注於財務的一個面向。

　　我有大約十幾個與我的工作相關的領域，還有大約十幾個與我的個人生活相關的領域。我發現這樣的數量剛好能概觀所投入事物的細節，而且也不會太多，免得讓人負荷不來。

　　有時人們會問我為什麼將我的責任領域劃分成這麼小的類別。這確實是我的個人決定，但對我來說，這有一項寶貴的益處：這使我更容易確定是否在某個領域達到了個人標準。如果我只有一個非常廣的類別，例如「Forte Labs」（就是我的「佛特實驗室」），就很難確定哪裡有所不足，以及我可以做出哪些具體改善。我比較喜歡將這一大塊領域細分為業務的各個部門和功能，這樣更容易只查看與相關資訊。

　　也就是說，我見過很多人成功運用更少（或更多）領域。最基礎而言，你也可以只擁有「個人」和「工作」兩個領域。測試看看具體到什麼程度的領域對你最有激勵效果。以下是我電腦裡的所有領域：

領域

- 佛特實驗室：管理員
- 佛特實驗室：實務
- 佛特實驗室：線上課程
- 佛特實驗室：客戶
- 佛特實驗室：教練
- 佛特實驗室：內容
- 佛特實驗室：財務
- 佛特實驗室：法律
- 佛特實驗室：行銷
- 佛特實驗室：電子報

○ 佛特實驗室：個人專案
○ 佛特實驗室：研討會
○ 公寓
○ 健康
○ 財務
○ 個人成長
○ 個人雜項
○ Prius
○ 生產力
○ 專業研發
○ 帆船運動
○ 旅遊

6.你會在領域的筆記中放哪些內容？為什麼不把領域當作「最上層」，然後在領域裡面放進與其相關的專案？

　　我一開始正是採取這種方法。這感覺不是很合理嗎？領域比較廣泛，並且包含許多小型專案，所以你的數位世界不是應該反映出這一點嗎？

　　絕對不然。原因是，「行動性」原則就是區分少量「具行動性」的資訊與大量「不具行動性」（有時稱為「資源」）的資訊。快速瀏覽我在領域的筆記，就會發現其中只有大約一％屬於前者具行動性的類別，這意味著我的筆記有九九％都不具行動性。

　　為什麼我要將目前最具行動性的一％的資料藏在一大

堆不具行動性的資訊裡？這就像鑽石隱藏在原石裡面，而
實際上我希望所有的珍貴寶石都存同在一處，並且觸手可
及。

　　如果你在學校工作，可能有大量關於「教育活動」等
廣泛領域的文件和筆記，但其中只有一小部分與計畫下周
開的新課程（一個專案）直接相關。強迫自己深入眾多層
級、並費力地瀏覽大量不具行動性的資料，才能找到你真
的想用且具行動性的資料，一點意義也沒有。

　　換句話說，將所有與專案相關的資料集中在同一處，
比每個專案都存在其各自的領域內更好用。想像一下，你
得深入幾十個單獨的領域資料夾內才能找齊所有專案，還
得在你可能使用的幾個平台分別做這件事，該有多乏味。

　　我也注意到，有點令人驚訝的是，把專案與領域直接
連結起來並不是很重要。因為你每天都會投入正在執行的
專案中，不太可能忘記它們屬於哪些領域。

7. 你如何一直提醒自己每個領域長期維持的「標準」？

　　我的每周回顧的重點主要放在專案，因為它們具行動
性，而且每一周都有進度。在較長的時間範圍（例如每月
或幾個月一次），我也會做每月或每季回顧，從更高的視野
評估我的工作和生活。

　　我的每月回顧的重點主要放在我的職責領域。領域的變化更慢，而且往往隱而不見，所以我要花更多的時間，遠離3C設備和螢幕來妥善思考。

　　我經常在大自然中散步、去海灘，或在安靜的環境裡寫日記，好辨識出潛意識浮現的欲望和擔憂。其中有一部分工作是查看我在每個領域為自己設定的標準清單（這些標準都存在我的「個人成長」領域資料夾的數位筆記中），並反省我是否達到了這些標準，以及我想改變哪些標準。

8.為什麼不應該把與例如「健康」等領域相關的所有資料保存在同一處？

　　PARA最違反直覺的一面，就是我們沒有將與某項主題相關的所有內容都保存在一處。例如，你可能認為，把與「健康」等區域相關的所有內容存在同一個資料夾是個好主意。

　　這種方法的問題在於，與你健康相關的資料可能太多，很快就會變得一團糟。你可能會想要新增多層子資料夾，接著再新增多層子資料夾，然後再新增特殊的標籤系統等來解決這團亂。不知不覺中，你就在為生活的某一面向建立一個完整的自訂組織系統。你打算對另外幾十個面向都這樣做嗎？

與之相反，PARA理解「健康」最重要的是你想要實現的結果：例如降低膽固醇、傷口痊癒、縮小腰圍或治癒疾病。怎麼分類都很難導向這種結果，那麼為什麼要增加額外負擔，去搜尋好幾百個與當前想要實現的結果無關的隨機檔案？

我們的做法是用兩種方式分辨出關於「健康」的內容：

- 以不同的時間單位來區分，從短期（專案）到中期（領域和資源）再到長期（檔案庫），一則資訊適用於那個時間單位，就分進該類。
- 以不同的平台介面來區分，從文字（筆記應用程式）到圖像（照片應用程式）再到PDF（文件資料夾），取決於我們如何有效取用該筆資訊。

比方說，你可能會有幾個與健康相關的專案資料夾，例如：

- 找到一位接受我保險的新醫師
- 報名新健身房並安排每周健身
- 研究家庭過敏原並制定抗過敏計畫

同時，你也可以有幾個與健康相關的領域資料夾：

- 運動（你可以存進運動應用程式、舉重筆記或最喜

歡的伸展運動）
- 心理健康（包括你從治療中獲得的一些個人見解）
- 醫療（附有醫生證明、保險單據或實驗室報告）

最後，你很可能擁有多個與健康相關的資源資料夾：
- 習慣（你學到維持健康的技巧）
- 聲音練習（發聲技巧）
- 烹飪（附食譜、營養指南或備餐購物清單）

別忘記，在筆記應用程式中，你一定可以將某個類別的筆記連結到另一個類別。例如，在你的醫療筆記（領域）中，可以新增指向有關馬拉松訓練（專案）文章的連結。或者在你最喜歡的食譜（資源）中，可以連結到當月的購買預算（領域）。連結事物有無限的可能性，但也是你可以自主選擇的。

最後一點，任何一個資料夾可能存在於多個平台，具體取決於你建立該資料夾所需的功能。例如，我將每周購買清單（「烹飪」資源的一部分）保存在筆記應用程式中，因為我發現，在忙碌的周間到超市購物時，我需要以最可行、最方便的清單方式列出需要買的東西。雖然精心設計的晚宴座位安排PDF也是「烹飪」的一個面向，但存進

我的電腦檔案系統中的相應資料夾中更有意義，因為它是PDF，而PDF在行動裝置上不好讀。

R資源（Resources）

9. 新的資源資料夾從哪裡來？

請記住，資源來自你的興趣、熱情和好奇心。資源是第三個最具行動性的類別，沒必要限制它們的數量。儘管為喜歡的任何東西建立一個資源資料夾。

有時，資源來自於你突然發現的嶄新、正燃燒的熱情，例如玩溜溜球或在家烤麵包。這通常更像是出於一時的好奇，你不太確定自己會深入，例如水耕法或加密貨幣，但希望有一個儲存庫來收集想法，免得你真的投入時沒東西可用。

處理你的工作或業務時，資源通常是你覺得將來會想要用到的各種資料，例如客戶推薦、照片圖庫、程式碼片段、產品文件或客戶回饋。

10. 如何「異花授粉」來自不同領域和資源的點子？

只要一句話：連結！我建議預設內容要存在數位筆記應用程式裡，主因之一是你一旦將大量數位筆記集中存在

某個程式，就可以用該程式的功能將它們連結在一起。

請注意，這種連結在電腦檔案系統中實際上做不到，因為電腦檔案系統將每個文件當作獨立存在，與其他文件沒有連結。

我已經強調了將筆記（或裝滿筆記的資料夾）從一個PARA類別「移動」到另一個類別的作法，但如果你希望它留在原來的位置，大可輕鬆建立一個指向新類別的連結，好連上可能用得上的專案或領域。

然而，我一般不強調標記和連結，原因是這通常是拖延的藉口。你當然可以花時間幾乎無限制的標記和連結點子，但是這真正創造了任何價值嗎？當然，你的點子之間有很多錯綜複雜的聯繫，但這是否會讓點子更有可能落實在現實世界，或者你只是創造了沒用的路徑，反而遠離你的目標？

當你完成某件事、與他人分享，並看到這件事在你頭腦以外的現實世界中的成與敗，這一刻你才你真正學習到東西。這就是我設計PARA的主旨，要幫助你成功的表達自我。

A檔案庫（archives）

11.你怎麼整理檔案庫？

　　檔案庫是要存放已完成（或休眠、延遲或取消）的專案以及休眠中的領域和資源。由於檔案庫最沒有行動性，因此也是PARA最不重要的類別，不值得花時間來組織。

　　我預設PARA四個主要類別（專案、區域、資源以及檔案庫）中子資料夾是按字母順序排列，因此可以快速找到想查找的任何資料夾。在某個的PARA子資料夾裡，我通常會依時間順序對資料夾和文件進行排序，好掌握從最新到最舊的專案或領域的時間軸。這兩種排序方法的好處是：可以由軟體程式自動完成，我不必再手動操作。

12.你會在何時將領域或資源中的筆記／檔案／資料夾存到檔案庫？

　　專案會有明確的結束日期，這就是將內容移至檔案庫的適合時間。然而，領域和資源略有不同。你必須更敏銳察覺這些類別是否不再用得上，因為有時這可能會在不經意之間發生。

　　以下是可能導致領域的資料夾移至檔案庫的例子：

- 你與朋友、情人、同事或業務夥伴的關係因任何原

因結束或不再進行，並且想要保存相關的記憶或記
錄

- 你搬離房子、公寓或賣掉車，但希望保留相關記錄
以備不時之需

- 公司的某個部門、支部或產品線已關閉，但你希望
儲存與其相關的檔案

- 你不再對某些事物負責，例如寵物、投資財產、家
庭責任或工作的某些部分

- 你不再擔任從前的角色，例如學區學校董事會的一
員、孩子的足球隊教練或過去的工作

以下是資源何時可能變為休眠狀態並可移至檔案庫的
例子：

- 不管原因為何，你對愛好、個人專案或運動失去興
趣了

- 你認為對某個主題已經有了足夠的了解，想先擱在
一邊

- 你一直關注的趨勢不再流行

- 不再需要你以前想要放在手邊的資源

- 隨著科技或產業變化，你曾經需要保留的某種資料
現在可以輕鬆在線上瀏覽

需要記住的重點是，即使是檔案庫，也不是一片「點子墳場」，放在裡面的知識已經死去。某些內容並不是單向地移至檔案庫。你應該經常歸檔一些目前用不上的項目；在能重複用到過去知識時，將其重新存進更具行動性的類別。

檔案庫的所有內容都與PARA的其他內容一樣，可以搜尋和閱覽，因此不必擔心你將某些內容放進去後，就再也找不到了。

其他問題

13. 我應該保存哪些類型的內容？

你應該尋找有洞見、價值高、具影響力的資訊，好在將來能夠重新審視、反思並與他人分享。這些資訊通常很難在你有需要時立刻找得到，通常會有點模糊、有多種解釋方式，但會激發你的思考和解決問題的能力。

以下是我的書《打造第二大腦》中的一些問題，可以用來決定何時點下「儲存」：

- 如果它在未來某個時候出現，是否對我有所啟發或幫助？
- 這可以用作以後專案的有用資源、組成的部分或範例嗎？

- 這是你由個人經驗所獲得的珍貴知識嗎？
- 是否值得未來再重溫？

以下是人們通常想保留內容的常見範例：

- 書籍筆記與金句
- 網路文章摘要
- 有聲書或播客中的筆記
- 螢幕截圖與網路書籤
- 語音備忘錄
- 照片、圖形和PPT
- PDF
- 重要資源的概述與摘要
- 會議或活動筆記
- 訪談和常見問題解答
- 範本和清單
- 網路研討會或線上課程筆記
- 腦力激盪與心智圖
- 筆記本草圖或日記條目
- 行銷／經營點子
- 電子報摘要
- 旅遊點子和計畫

- 閱讀清單
- 會議記錄和錄音
- 專案規劃說明
- 作品樣本和作品集
- 目標和夢想
- 生產力或健康小建議
- 使用者手冊／指南
- 寫草稿和筆記

14. 如果不同平台介面的對應資料夾隨著時間開始逐漸不一致，會發生什麼狀況？

這其實沒什麼關係。不需要始終保持所有資料夾百分之百一致。出現一點分歧並不會立即帶來嚴重破壞。我傾向於等到它們差距很大，以至於開始找不到東西時，用大約五到十分鐘一次性瀏覽所有內容，重新命名資料夾並將東西重新調整成一致。

15. 如果我需要很多個PARA（一個用於工作、一個供私人使用等），該怎麼做？

這其實是個很常見的場景。無論如何，我們的數位世界通常被分割成不同的「勢力範圍」，彼此之間很少關聯，

甚至根本沒有聯繫。

　　最常見的例子是老闆只允許在你的電腦或行動裝置上安裝某些軟體程式。在受到嚴格監管或隱私敏感的產業，有時未經官方批准，任何文件都不能傳入或傳出系統。

　　PARA最重要的是實用，所以我建議不要對抗現實，而是順應現實。關鍵是在PARA的不同勢力範圍之間劃出清晰「界線」。就像人類大腦有左腦、右腦和明顯分開的不同區塊一樣，你的數位大腦也可以有相同的情況。

　　這可以很簡單，只需在你的家用電腦和個人裝置上安裝一個完整的PARA（滿足你的個人需求），並在你的工作電腦和裝置上再安裝另一個單獨的PARA（滿足工作相關的需求）。無論如何，在不同的平台都會「反映」出該類別的相關內容。

　　也許令人驚訝的是，我常覺得這樣的切分實際上非常有用。當你看到一則筆記或文件，需要決定把它放在哪裡，如果你能辨識它是與工作相關，那麼可以立即存進工作的PARA。我本身更喜歡將個人和工作世界結合在同一個PARA，但也看到人們擁有一個專門的數位環境來單獨涵蓋工作相關事務，這樣就可以在下班後時完全放下工作，這樣也很好。

16.當資料夾從某個專案、領域或資源移動到另一個專案、領域或資源時,該是否要重新命名?

請注意,有兩種方法可以在PARA類別之間搬移資訊:

- 將某個項目(可能是筆記、檔案或文件)從一個專案、領域或資源資料夾移至另一個專案、領域或資源資料夾
- 將包含項目的整個資料夾從某個專案、區域或資源資料夾移至另一個專案、區域或資源資料夾

用哪一種比較合適,取決於具體情況。如果你正著手一個圖形設計專案,想到過往專案中的設計範本可以重複運用,那麼只需將該專案從檔案庫移到新專案資料夾就好了。但是,如果你發現有個資源資料夾中都是可在專案中使用的設計模板,務必將整個資料夾移至你的專案中並重新命名。沒必要從頭開始設計。

這樣做時,有時你可能會想要將資料夾重命名為「與專案相關」的名稱。資源資料夾裡的「設計模板」可以變成「建立可下載的設計模板套裝軟體」,看到了嗎 ── 你現在有一個新專案了!可以加上表情符號,效果更好。你現在可以在幾秒鐘內將整批現有資料提升到新的具行動性標準。

17. 大型專案（例如寫書）要放在哪裡？相關的所有小型專案如何與大型專案連結？

雖然我推崇「小型專案」，但我們生活中當然有一些重要的事不符合「小」的定義，例如想要寫書、想打造產品、想要創業、想建立家庭。

是這些目標讓生活變得更鼓舞人心。本書中的任何內容都不應該看成要阻止你實現這麼遠大的目標。

然而，我在指導學員時常見到，人們經常設定「大的、刺激的、大膽的目標」，以此來避免思考邁出第一步所需的實際細節。夢想遙遠的未來比面對今天的具體問題容易得多。未來變成了一個神秘仙境，一切都會因某種不可知方式而變得不一樣、變得更美好。

PARA意在將視野從遠方拉回到當下，並藉此幫助你正視當前現實的真相。你所能設想或想像的任何未來，都必須從現在開始。你如何才能釐清目前的情況想要告訴你的訊息？

如果你想寫一本書，可以著手的下一個小型專案就是確定你喜歡長篇寫作。如果你正在嘗試打造一項產品，可以先在周末做樣品，看看能否解決實際問題。如果你想創業，可以只和三個客戶合作，看看他們願不願意為你提供的產品付費，然後再投入幾個月的時間創業。如果你想全

心全意奉獻家庭，那麼下禮拜可以著手某個專案，讓你的家庭生活更輕鬆、更健康或更平靜。

從小型專案開始，一旦第一個小型專案完成，你就會得到更多資訊來決定怎麼進行下一個專案。

18. PARA 裡不應該包含哪些內容？用不上 PARA 的特殊情況有哪些？

PARA意在讓所有人、在任何地方都能存取和使用，但PARA肯定不是唯一的組織數位資訊方式。

PARA會用不上的主要情況是需要以特定方式儲存和存取的資料，例如高度專業化或敏感的訊息。

例如，如果你是醫生，正在記錄病患筆記，可能想要用專為該病例設計的軟體程式。雖然可以將病患筆記寫在空白文件存起來，但你可能需要遵循隱私和監管限制，以及有些欄位每次都必須填寫。

如果你是一位為原子核物理研究專案做筆記的科學家，可能會想要使用專門為其設計的平台介面。如果你是記錄錯誤的軟體開發人員，可能有專為該使用案例設計的軟體，比起用空白文件更有效率。

換句話說，如果你的工作要遵循精確的工作流程，那麼通常得使用專門的程式。PARA就適用於其他的一切狀

況，就是活在一個不可預測的世界裡，身為成年人必須管理的所有開放式且常常模糊不清的事情。

19. 對於將PARA與實體物品一起用，你有什麼建議嗎？

雖然本書的重點是數位資訊，但PARA絕對可以用來組織實體空間。原則是一樣的 —— 最具行動性、最切身相關的物品應該放在最明顯、最容易取得的地方。

例如，隨著季節變化，你可能需要根據要穿到什麼衣物來替換收納地點。在冬天，外套可以放在走廊的衣櫥裡，但在夏天就把外套存放進閣樓。

我太太羅倫用PARA整理我們的廚房食品儲藏櫃。每天使用的調味品和孩子們的零食放在中層的架子上，方便取用，而用於舉辦聚會的大盤子則放在架子最高層。當我問她某樣東西在哪裡時，她經常會在我家裡的另一個房間裡喊道：「去資源裡面拿！」

我甚至看過人們用PARA整理紙本文件夾。經常查閱的文件應該放在手邊的抽屜裡，而舊的稅務記錄可以放在車庫或地下室。你一旦了解這項原則的好用之處，就會注意到，透過我們的日常小小行動，世界上有許多事物就自然而然組織起來，這些行動是為了讓經常使用的東西更容易找到。

20. 我可以在哪裡了解更多資訊並查看PARA實作範例？

請參考我們的YouTube系列，有在各種流行的筆記應用程式中使用PARA的深入範例。

https://www.youtube.com/playlist?app=desktop&list=PLVN
XAaej57W6qCYoMb_hbzDhX9et_GVlj

打造第二大腦實踐手冊

作者	提亞戈·佛特Tiago Forte
譯者	黃佳瑜
商周集團執行長	郭奕伶

商業周刊出版部

責任編輯	林雲
封面設計	winder chen
內頁排版	林婕瀅
校對	呂佳真
出版發行	城邦文化事業股份有限公司-商業周刊
地址	104台北市中山區民生東路二段141號4樓
	電話：(02)2505-6789　傳真：(02)2503-6399
讀者服務專線	(02)2510-8888
商周集團網站服務信箱	mailbox@bwnet.com.tw
劃撥帳號	50003033
戶名	英屬蓋曼群島商家庭傳媒股份有限公司城邦分公司
網站	www.businessweekly.com.tw
香港發行所	城邦（香港）出版集團有限公司
	香港灣仔駱克道193號東超商業中心1樓
	電話：（852）25086231傳真：（852）25789337
	E-mail：hkcite@biznetvigator.com
製版印刷	中原造像股份有限公司
總經銷	聯合發行股份有限公司 電話：（02）2917-8022
初版1刷	2024年2月
定價	台幣320元
ISBN	978-626-7366-63-9（平裝）
EISBN	9786267366646（PDF）
	9786267366653（EPUB）

THE PARA METHOD
by Tiago Forte
Copyright © 2023 by Tiago Forte
Complex Chinese translation copyright © 2024 by Business Weekly, a Division of Cite Publishing Ltd.
Published by arrangement with Writers House, LLC through Bardon-Chinese Media Agency
ALL RIGHTS RESERVED

國家圖書館出版品預行編目(CIP)資料

打造第二大腦實踐手冊/ 提亞戈·佛特（Tiago Forte）著；
黃佳瑜譯. -- 初版. -- 臺北市：城邦文化事業股份有限公司
商業周刊, 2024.02
　面；　公分.
譯自：The PARA Method: Simplify, Organize, and Master Your
　　Digital Life
ISBN 978-626-7366-63-9（平裝）

1.CST: 知識管理

494.2　　　　　　　　　　　　　　　113001753